"十三五"国家重点出版物出版规划项目

中国工程院重大咨询项目　中国生态文明建设重大战略研究丛书

第 四 卷

生态文明建设和新型城镇化
及绿色消费研究

中国工程院"生态文明建设和新型城镇化"课题组
中国工程院"推进绿色消费模式与全民生态文明建设"课题组

钱 易　吴志强
　　　　　　　　　主编
江 亿　李 强　薛 澜

科 学 出 版 社
北 京

内 容 简 介

本书是中国工程院重大咨询项目"生态文明建设若干战略问题研究"成果系列丛书的第四卷。全书内容包括课题综合报告和专题研究两部分，课题综合报告分为上、下两篇，上篇是课题四"生态文明建设和新型城镇化"的研究成果，内容涵盖国内外生态文明建设经验，我国城镇生态文明建设模式分析，建设目标和任务，以及政策建议 4 个方面。下篇是课题八"推进绿色消费模式与全民生态文明建设"的研究成果，内容涵盖"绿色消费"内涵，我国消费模式现状，发展途径，以及政策建议 4 个方面；专题研究部分更深入地对不同消费行为对资源环境、幸福感的关系等进行了定量分析。

本书可供关心生态文明建设的各级政府决策者、科技工作者、硕博研究生和所有关心国家未来发展的读者阅读，适合各类图书馆收藏。

图书在版编目(CIP)数据

生态文明建设和新型城镇化及绿色消费研究/钱易等主编. —北京:科学出版社，2017.5

（中国生态文明建设重大战略研究丛书/周济，沈国舫主编）

"十三五"国家重点出版物出版规划项目　中国工程院重大咨询项目

ISBN 978-7-03-052877-3

Ⅰ.①生…　Ⅱ.①钱…　Ⅲ.①生态环境建设–研究–中国　②城市化–研究–中国　③绿色消费–研究–中国　Ⅳ.①X321.2　②F299.21　③C913.3

中国版本图书馆 CIP 数据核字(2017)第 089639 号

责任编辑：马　俊　朱　瑾　郝晨扬/责任校对：李　影
责任印制：肖　兴 / 封面设计：刘新新

科学出版社 出版

北京东黄城根北街 16 号
邮政编码：100717
http://www.sciencep.com

中国科学院印刷厂 印刷

科学出版社发行　　各地新华书店经销

*

2017 年 5 月第 一 版　　开本：787×1092　1/16
2018 年 1 月第二次印刷　　印张：12 1/2
字数：223 000

定价：150.00 元

（如有印装质量问题，我社负责调换）

丛书顾问及编写委员会

顾 问

钱正英　徐匡迪　周生贤　解振华

主 编

周 济　沈国舫

副主编

郝吉明　孟 伟

丛书编委会成员

（以姓氏笔画为序）

于贵瑞	万本太	王 浩	王元晶	王基铭
石玉林	石立英	朱高峰	刘 旭	刘世锦
刘兴土	江 亿	苏 竣	杜祥琬	李 强
李世东	吴 斌	吴志强	吴国凯	沈国舫
张守攻	张红旗	张林波	孟 伟	郝吉明
钟志华	钱 易	殷瑞钰	唐华俊	傅志寰
舒俭民	谢冰玉	谢和平	薛 澜	

"生态文明建设和新型城镇化" 课题组
成 员 名 单

组　长：钱　易　　中国工程院院士、清华大学环境学院，教授
副组长：吴志强　　同济大学副校长、建筑与城市规划学院，教授
　　　　江　亿　　中国工程院院士、清华大学建筑学院，教授

主要成员：

温宗国　清华大学环境学院，研究员

燕　达　清华大学建筑学院，副教授

干　靓　同济大学建筑与城市规划学院，讲师

孟小燕　清华大学环境学院，博士研究生

胥星静　同济大学长三角城市群智能规划协同创新中心，助理研究员

林立身　清华大学建筑学院，博士研究生

吕　荟　同济大学长三角城市群智能规划协同创新中心，助理研究员

张文婷　清华大学环境学院，硕士研究生

李会芳　清华大学环境学院，助理研究员

彭　琛　清华大学建筑学院，博士研究生

崔泓冰　上海同济城市规划设计研究院人居环境研究中心，主任
　　　　助理

姚雪艳　同济大学设计创意学院，讲师

胡　姗　清华大学建筑学院，博士研究生

刘朝晖　同济大学建筑与城市规划学院博士/中国城市科学研究会
　　　　数字城市工程研究中心，常务副主任

张　磊　同济大学建筑与城市规划学院，博士后

庞　璐　同济大学建筑与城市规划学院，硕士研究生

"推进绿色消费模式与全民生态文明建设"课题组
成 员 名 单

组　长：江　亿　　中国工程院院士、清华大学建筑学院，教授
副组长：李　强　　清华大学社会科学学院院长，教授
　　　　薛　澜　　清华大学公共管理学院院长，教授

专题研究组及主要成员
1. 典型消费活动的资源环境影响基础研究专题组
   - 刘　毅　　清华大学环境学院，教授
   - 王春艳　　清华大学环境学院，博士研究生
   - 刘懿颉　　清华大学环境学院，博士研究生
   - 彭　帆　　清华大学环境学院，硕士研究生
   - 何小赛　　清华大学环境学院，硕士研究生
2. 居民典型消费模式及其资源环境影响分析研究专题组
   - 燕　达　　清华大学建筑学院，副教授
   - 彭　琛　　清华大学建筑学院，博士研究生
   - 胡　姗　　清华大学建筑学院，博士研究生
   - 崔　莹　　清华大学建筑学院，硕士研究生
3. 不同消费模式的人的资源环境影响与幸福感分析专题组
   - 郑　路　　清华大学社会科学学院，副教授
   - 王　莹　　清华大学社会科学学院，博士研究生
   - 赵梦瑶　　清华大学社会科学学院，硕士研究生
4. 符合我国生态文明建设的绿色消费模式研究专题组
   - 朱安东　　清华大学马克思主义学院，副教授
   - 郭偲悦　　清华大学建筑学院，博士研究生
5. 适应于绿色消费模式的政策建议及推进方式专题组
   - 王晓莉　　清华大学公共管理学院，博士后
   - 范世炜　　清华大学公共管理学院，博士研究生
   - 愈晗之　　清华大学公共管理学院，博士研究生

丛 书 总 序

为了积极参与对生态文明建设内涵的探索，更好地发挥"国家工程科技思想库"作用，中国工程院、国家开发银行和清华大学于2013年5月共同组织开展了"生态文明建设若干战略问题研究"重大咨询项目。项目以钱正英、徐匡迪、周生贤、解振华为顾问，周济、沈国舫任组长，郝吉明、孟伟任副组长，20余位院士、200余位专家参加了研究。2015年10月，经过两年多的紧张工作，在深入分析和反复研讨的基础上，经过广泛征求意见，综合凝练形成了项目研究报告。研究成果上报国务院，并分报有关部委，供长远决策及制定"十三五"规划纲要参考，得到了有关领导的高度重视。

项目深入分析了我国现阶段开展生态文明建设所面临的形势，并提出：资源环境承载力压力巨大，生态安全形势严峻，气候变化导致生态保护与修复的难度增大，人民期盼与生态环境有效改善之间的落差加大，贫困地区脱贫致富与生态环境保护的矛盾将更加突出，与生态文明相适应的制度体系建设任重道远，生态文明意识扎根仍需长期努力，国际地位提升下的国家环境责任与义务加大八个重大挑战。

此基础上，研究提出了我国生态文明建设的国土生态安全和水土资源优化配置与空间格局、新形势下生态保护和建设、环境保护、生态文明建设的能源可持续发展、新型工业化、新型城镇化、农业现代化、绿色消费与文化教育以及生态文明建设的绿色交通运输重要领域的九大战略，并针对每项战略提出了需要落实的若干重点任务。

研究专门提出了生态文明建设"十三五"时期的目标与重点任务。目标是：到2020年，经济结构调整和产业绿色转型取得成效，高耗能产业得到有效控制，节能环保等战略性新兴产业蓬勃发展；能源资源消耗总量得到有效控制，利用效率大幅提升；生态环境质量有效改善，危害人体健康的突出环境问题得到有效遏制；划定并严守生态保护红线，保障国家生态安全的空间格局基本形成；生态文明制度体系基本形成，生态文明理念在全社会全面树立。

建议将以下指标列入"十三五"国民经济与社会发展规划，作为约束性控制指标，到 2020 年实现：战略性新兴产业占 GDP 比例大于等于 15%；能源消费总量小于等于 48 亿 t 标准煤；非化石能源占一次能源比例大于等于 15%；碳排放强度比 2005 年下降 40%~45%；水资源利用总量小于等于 6500 亿 m³；全国生态资产保持率大于等于 100%，森林覆盖率大于等于 23%，森林蓄积量大于等于 161 亿 m³；国家生态保护红线面积比例大于等于 30%，自然湿地保护率大于等于 55%；全国地级及以上城市 PM_{10} 浓度比 2015 年下降 15%以上；京津冀、长三角 $PM_{2.5}$ 浓度分别下降 25%、20%左右；七大流域干流及主要支流优于III类的断面比例大于等于 75%；节能环保投入在公共财政支出中的占比稳定在 3%左右。

为实现上述目标，建议实施"民众为本，保护优先；红线约束，均衡发展；改革突破，从严追责；科技创新，绿色拉动"的指导方针，切实完成好以下九大重点任务：①实施绿色拉动战略驱动产业转型升级；②提高资源能源效率建设节约型社会；③以重大工程带动生态系统量质双升；④着力解决危害公众健康突出的环境问题；⑤划定并严守生态保护红线体系；⑥推进新型城镇化战略统筹城乡发展；⑦开展国家生态资产家底清查核算与监控评估平台建设，实施国家生态监测评估预警体系建设工程，建设生态环境监测监控的大数据整合技术平台；⑧全面开展全民生态文明新文化运动，引导和培育社会绿色生活消费模式；⑨实施生态文明工程科技支撑重大专项。

同时，为进一步推进生态文明建设，研究还提出了构建促进生态文明发展的法律体系，全面完善资源环境管理的行政体制，形成资源环境配置的市场作用机制，建立完善促进生态文明发展的制度体系，健全生态文明公众参与机制五个方面的保障条件与政策建议。

本套丛书汇集了"生态文明建设若干战略问题研究"的项目综合卷和 8 个课题分卷，分项目综合报告、课题报告和专题报告三个层次，提供相关领域的研究背景、涵盖内容和主要论点。综合卷包括综合报告和相关专题论述，每个课题分卷则包括课题综合报告及其专题报告。项目综合报告主要凝聚和总结了各课题和专题中达成共识的一些主要观点和结论，各课题形成的一些独特观点则主要在课题分卷中体现。本套丛书是项目研究成果的综合集成，凝聚了参研院士和专家们的睿智与心血。希望此书的出版，对于我国生态文明建设所涉及的相关工程科技领域重大问题的破题，予以帮助。

　　生态文明建设是新时期我国实现中华民族伟大复兴中国梦的重要内容，更是一项巨大的惠及民生的综合性建设，本项研究只是该系列研究的开始，由于各种原因，难免还有疏漏和不够妥当之处，请读者批评指正。

中国工程院"生态文明建设若干战略问题研究"
项目研究组
2016 年 9 月

前　　言

中国工程院重大咨询项目"生态文明建设若干战略问题研究"中的课题四为"生态文明建设和新型城镇化"，课题八为"推进绿色消费模式与全民生态文明建设"，本书是这两个课题总结报告的合成本。

党的十八大指出："要把生态文明建设放在突出地位，融入经济建设、政治建设、文化建设、社会建设的各方面和全过程"。城镇化过程正是集中进行上述四大建设的过程，因此必须要将生态文明作为新型城镇化的核心理念，把生态文明理念和原则全面融入城镇化全过程，走集约、智能、绿色、低碳的新型城镇化道路，实现建设生态城镇的最终目标。

本书上篇主要讨论了新型城镇化与生态文明建设密不可分的关系。针对我国近三十多年来城镇化发展迅速，资源消耗和能源消耗快速增长，生态环境受到严重影响的状况，本报告对不同规模、不同性质城镇存在的问题作了调查分析，对西方城镇在工业化、城镇化过程中走过的路程，特别是英国、丹麦、德国等国建设生态城镇以及国内示范性生态城镇的经验作了总结；综合考虑了资源、环境、经济、人口等系统在城镇化过程中的作用和反馈机制，构建了系统动力学模型，识别了我国城镇化发展的控制性指标和约束条件；汇总了国内外用于生态城市评价的指标体系，分类解析了能源、水资源、固体废弃物、大气环境、土地使用和生物生境等六大类指标；讨论了在生态文明建设的指引下，建设符合我国国情的生态城市的总体思路、战略目标、重点任务和重大工程，以及应配套落实的保障条件和政策建议。

本书下篇主要讨论了改变城镇居民消费理念和消费模式的重要性，说明经济增长和提高人民生活水平与节约资源的关系，并指出了推行绿色消费的途径。不合理的消费，包括个人消费和团体消费，都是浪费资源、能源，导致生态、环境受损的重要原因，城镇是消费十分集中的场所，以生态文明理念为引领的城镇化，必须将消费理念从追求量的增加改变为质的提升，必须符合"节约资源，环境友好"的原则，也就是必须大力推行绿色消费理念和模式，使人民在享受到更高质量生活的同时，做到资源节约、环境友好。本书还讨论了加强生态文明教育、制定适宜的制度与政策的重要性，政府、企业在推动绿色消费中的责任和作用，并在此基础上提出了相关的政策建议。

本书分别由课题四和课题八的参与人员编写。

目　　录

专 题 研 究

上　篇

生态文明建设和新型城镇化研究

第一章　生态文明与新型城镇化建设

生态文明是继原始文明、农业文明、工业文明之后的一种新的文明形态。生态文明理念的实质是将生态环境作为人类持续健康发展的基础，任何超出生态承载力的发展，都将带来不良的甚至是严重的后果。2012 年，党的"十八大"将生态文明建设确立为与经济建设、政治建设、文化建设、社会建设并行的五大重点建设之一，并提出要把生态文明建设放在突出地位，融入经济建设、政治建设、文化建设和社会建设的各方面和全过程。同时，我国城镇化过程中的资源环境瓶颈日渐突出，原有的城镇化道路必须改变，"新型城镇化道路"不应继续过度关注数量和速度的快速增长，而应更加注重质的全面提升。有序、健康和可持续是中国城镇化发展的重中之重，必须把生态文明建设的理念融入城镇化道路。

一、新型城镇化与生态文明建设的互动关系

(一)生态文明建设是新型城镇化的顶层设计

从 2005 年胡锦涛总书记在中央人口资源环境工作座谈会上首次提出生态文明建设的概念至今，生态文明建设已从单纯生态保护的概念，扩大至涉及经济、政治、社会、文化各方面的全过程。新型城镇化的生态文明建设，是党的"十八大"明确提出的"五位一体"总布局下的整体设计，要以生态文明建设的理念融于新型城镇化的顶层设计，引领城镇化过程中的经济、政治、文化和社会共同建设。

(二)新型城镇化是生态文明建设的载体

人类现代文明始于城市，城市是人类文明最重要的载体，城市承载了人类追求梦想和进步的使命。实现建设生态文明的时代目标，需要符合生态文明要求的新型城镇作为载体，新型城镇化的目标就是建设生态城镇。

(三)坚持以人与自然和谐为核心的新型城镇化和生态文明建设

城镇化和生态文明这两个概念的核心都是人，人与自然必须和谐相处，新型城镇化和生态文明建设在核心和目标上具有一致性，即通过制度、科技等手段，促进和提升人与自然的和谐，实现城镇化的生态文明建设。

二、新型城镇化中生态文明建设的科学内涵

过去30年我国城镇化过程造成了资源消耗、环境污染等各种问题，存在大量不符合生态文明的现象，是不可持续的。这种不可持续性体现在：资源、能源的匮乏成了经济发展的瓶颈；30多年来经济发展的速度过快造成的生态环境灾害严重；目前的科学技术水平还不够高，经济增长模式还没有彻底改变。

面对我国城镇化进程中资源约束趋紧、环境污染严重、生态系统退化的严峻形势，必须站在走中国特色社会主义道路和确保中华民族永续发展的高度，增强生态危机意识。党的"十八大"报告指出：必须更加自觉地把全面协调可持续作为深入贯彻落实科学发展观的基本要求，全面落实经济建设、政治建设、文化建设、社会建设、生态文明建设"五位一体"的总体布局。新型城镇化道路必须站在维护国家生态安全和保障社会健康发展的高度，强化全民族的生态危机意识，迅速扭转忽视生态制约和环境容量而一味追求城镇发展速度和规模的错误倾向，将环境友好和资源节约作为城镇化发展的基本准则，将生态文明理念贯穿于城镇化发展全过程和经济、政治、文化、社会等各项建设中。

在我国新型城镇化建设过程中，必须将生态文明理念融入城镇及其所在区域的发展规模、产业模式、空间布局、人口分布、公共服务、交通方式、建筑运行模式、居民生活方式、制度安排等各个方面。必须建立全国城镇化发展的生态约束机制，即城市发展必须以区域生态承载力为前提，确保将城市生态安全、建设宜居城市作为我国城镇化发展的基本前提。加快优化城镇经济发展模式，构建绿色、循环和低碳的产业体系。积极倡导低碳健康的生活方式，培育绿色消费方式。高度重视城镇生态基础设施建设，强化生态系统的服务功能。要建设资源节约环境友好型的城市。要加快制订或完善城镇生态文明评价指标体系，将生态文明建设有关参数(包括资源、环境、生态等)和公众幸福指数等纳入各级城镇党政干部的政绩考核体系中。

在城镇建设中，控制合理的城市规模、建筑规模、能源消费水平是"生态文明

建设"的重要内容。而设计合理的城镇建筑、基础设施建设速度是走新型城镇化道路、优化经济增长的必要条件。

在城市规划、设计的各个方面和全过程中,将生态文明的理念落实到基础设施建设领域至关重要,以下三项任务是特别重要的:一是建立城镇水循环,保障城镇化发展的水资源供应、饮用水安全和水污染防治;二是推进城镇社会废物资源化,大力开发"城市矿山";三是加强公共交通能力建设,为居民绿色出行提供方便。

在能源使用方面,应严格规划城镇建筑用能。从能耗总量约束出发,明确规划各地区建筑用能。根据人口、气候、建筑规模、当地能源和环境条件等因素,确定该城镇建筑用能总量和主要能源类型,并严格执行能源规划,自下而上地实现建筑用能总量的控制目标。

在道路交通系统方面,综合考虑环境效益和交通效率,发展轻轨、地铁、有轨电车、公共汽车等大运量的公共交通工具应是未来构建高效节能型城市交通的必然趋势,同时,对于近距离的出行,要鼓励非机动交通,绿色出行应成为居民出行的首选方式。

第二章 国内外城镇生态文明建设经验与问题

一、国内外城镇化建设发展的历史和现状

(一) 全球主要国家城镇化发展历程分析

通过全面整理世界主要国家的城镇化率的变化过程，不难发现：发达国家的城镇化发展既有规律性又存在差异和特殊性；不同阶段有不同的问题和不同的发展机遇。我国自 1978 年以来，也抓住了不少的发展机遇，得到了较好发展。如图 2-1 所示，城镇化率从 50%增长到 60%，德国用了 15 年，日本用了 4 年，韩国用了 6 年；从 60%增长到 70%，德国用了 29 年，日本用了 10 年，韩国用了 6 年。按我国城镇

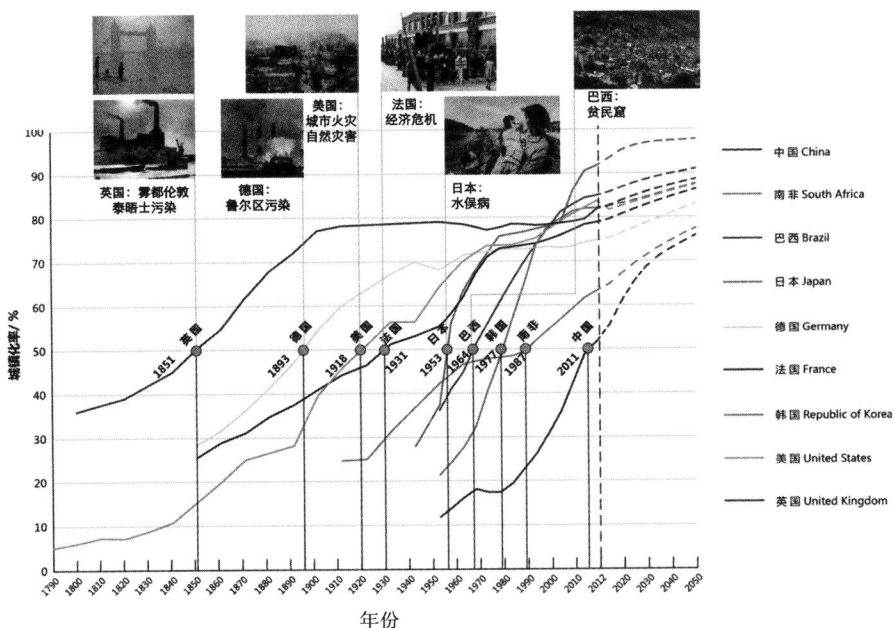

图 2-1 各国城镇化发展趋势与重大城市病发生时间

数据来源：1950~2012 年的数据主要来源于世界银行，1950 年之前的数据来源于统计部门查询和文献阅读，2013 年后的预测数据来源于联合国人口统计数据库

（彩图请扫描文后白页二维码阅读）

化率在未来较长时间内以年均提高 1%左右的速度推进，在 2020 年左右有可能实现城镇化率 60%，按照在 2012 年人均国内生产总值（GDP）6100 美元基础上提高 25%计算，人均 GDP 可达到 1.2 万美元左右；2030 年左右实现城镇化率 70%，按照人均 GDP 接近或超过 60%时的 1 倍计算，人均 GDP 可达到 2 万美元以上。

通过整理世界主要国家的城镇化率变化过程，不难发现：在一个国家城镇化率为 50%左右时，生态环境问题突出。

我国改革开放 30 多年取得的成就，是以整个中国环境作为代价的（图 2-2）。中国人口的城镇化率增加 30%，全国总能耗翻了 6 倍。过去城镇化率每增加一个百分点，平均能耗增加 18%。能源消耗过快已不能支持传统经济增长和城镇化发展，目前的经济增长和城镇化模式是不可持续的（图 2-2）。

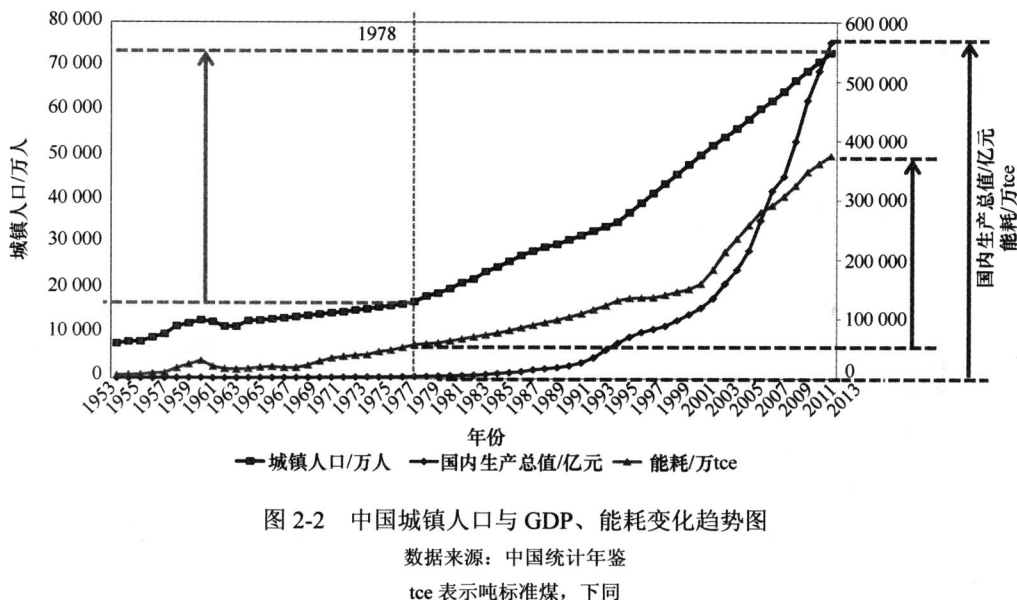

图 2-2　中国城镇人口与 GDP、能耗变化趋势图

数据来源：中国统计年鉴

tce 表示吨标准煤，下同

由人均 GDP 和城镇化率的关系，可将世界各国分为三个集团，如图 2-3 三个图层所示。从经济增长方式来看，第一集团如北欧、西欧、澳大利亚等地区的国家依靠创新发展，第二集团如东欧各国依靠牺牲资源环境，中国目前位于第三集团。如何从第三集团向第一集团跃进，而不落入第二集团的中等收入陷阱，即国家经济发展至一定阶段就停滞不前是中国城镇化进程中必须思考的问题。发达国家城镇化率超过 70%后，人均 GDP 大幅提高，城镇化率明显减缓，表明经济增长方式发生重大变化。如果能够抓住当今发展机遇，通过城镇化和技术的革新，走出一条具有中国特色且走在世界前列的新型城镇化发展之路，必将对国家和世界产生重要影响。

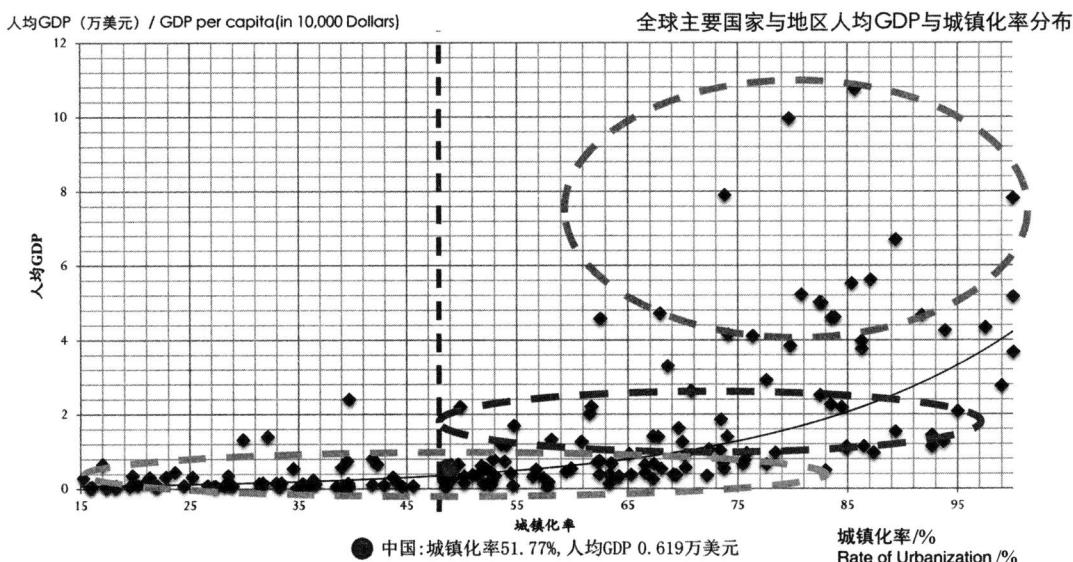

人均GDP（万美元）/ GDP per capita(in 10,000 Dollars)　　　　　全球主要国家与地区人均GDP与城镇化率分布

城镇化率

城镇化率/%
Rate of Urbanization /%

● 中国：城镇化率51.77%，人均GDP 0.619万美元

图 2-3　全球主要国家与地区人均 GDP 与城镇化率分布图

数据来源：世界银行数据库，2012

（二）我国城镇发展现状和问题

城镇化是由人口向城市聚集、社会向工业和服务业转变的历史过程，典型特征是农村人口向城市聚集、产业结构转变、土地空间变化、消费活动增强等。城镇化进程必然存在人口增长、空间扩张、经济发展和消费水平提高的现象，这意味着对资源的消耗和污染物排放量的增多，对资源环境产生不可挽回的巨大压力。在资源环境容量的约束下，如果资源消耗、环境污染达到一定限值，就会损害资源环境要素的自我恢复功能，生活环境变差，通过反馈作用抑制城镇化进程。城镇化发展应充分考虑资源环境对城镇化的反馈和约束效应，必须通过调整经济增长模式、发展清洁生产技术、引导消费、合理进行空间规划和基础设施建设等，减小对环境的干扰和资源的耗费，实现经济与资源环境的协调发展。反之，城镇化发展将不可持续，凸显出各种生态问题和社会矛盾。城镇化进程中否做到节约资源、保护环境，与城镇化发展模式的选择密切相关。

我国的城镇化发展进程主要靠工业化推进，吸收廉价劳动力，增加政府主导的大规模固定资产投资，以土地财政和房地产为驱动，资源利用率低下。在过去的发展中，城乡一体化发展中的要素交换和公共资源均衡配置不平衡；只注重大城市的开发而忽略中小城市的作用，城市的空间扩展单向而粗放，资源分配主要集中在大城市，出现"大城市病"；只注重刺激需求而忽略扩大供给，出现过度土地城镇化。

我国在城市发展的过程中，只注重长期发展经济，忽略了资源环境的约束作用，许多已有规划没有考虑资源环境的约束上限，对于生产和消费带来的资源消耗和环境污染量并没有设置约束目标进行严格的控制，因此经济发展长期以牺牲资源环境为代价，粗放的经济增长模式使得资源消耗和环境污染量快速增长，大大超过资源承载力和环境容量限制。

虽然城镇化率增速较快，但我国城市的生态危机也同步加剧，突出表现为：水污染现象和水资源短缺日趋严重，2012 年，全国供水不足的城市高达 400 多个，有 114 个严重缺水，其中南方占 43 个。城镇水污染加剧了水资源危机，不少小城镇没有系统的污水处理设施，城镇化发展面临用水资源紧缺、水环境污染严重的刚性约束；区域性复合型大气污染频发，细颗粒物污染严重，汽车保有量持续增高；城镇固体废物产生量持续性快速增长，但综合利用率不足 50%，垃圾围城加重了水污染、大气污染和土壤污染；单位 GDP 增长对土地的占用量高达日本的 8 倍。《2012 年中国国土资源公报》显示，2012 年我国建设用地供应量达 69.04 万 hm^2，持续 4 年增长。工业发展一味追求"数量"而忽视"质量和效率"导致资源利用率低下，同时污染物排放强度高。我国工业用水强度很高，水资源重复利用率较低，与发达国家先进水平相比，存在明显差距。生产、生活用水比例加大，生态用水比例日益减小。近年来建筑面积和建筑商品能耗快速增加，单位建筑面积能耗水平也在持续增长。建筑能耗增长刺激了更多的能源消费，产生大量污染物。土地财政和房地产的发展，促使城市空间规模急剧膨胀，土地的城镇化速度远快于城市人口的增速，城市群和特大城市的环境污染及生态破坏所呈现的复合式叠加态势，已导致城市生态承载力普遍严重超越安全阈值，城市发展面临着资源短缺、环境污染、生态系统破坏的危机。

（三）我国城镇房屋与基础设施建设现状

1. 城镇化过程中高速建设、营造能耗巨大

2001～2012 年，随着经济发展，我国各地大中小城市拓展城区建设，城镇建筑面积大幅增加，大量的人口从农村进入城市，城镇化率从 37.7%增长到 52.6%（国家统计局，2013），城镇居民户数从 1.55 亿户增长到 2.49 亿户，家庭规模小型化（图 2-4）。同时，公共建筑和北方城镇建筑采暖面积逐年增长，城乡每年竣工面积逐年增长（图 2-5）（国家统计局，2013）。2012 年城镇竣工建筑面积达到 19 亿 m^2，其中住宅建筑占总建筑的 60%以上。与发达国家相比，我国处在高速城镇化建设的

阶段，我国城镇新建建筑面积年增量约占总量的 7%，而发达国家不到 1%。

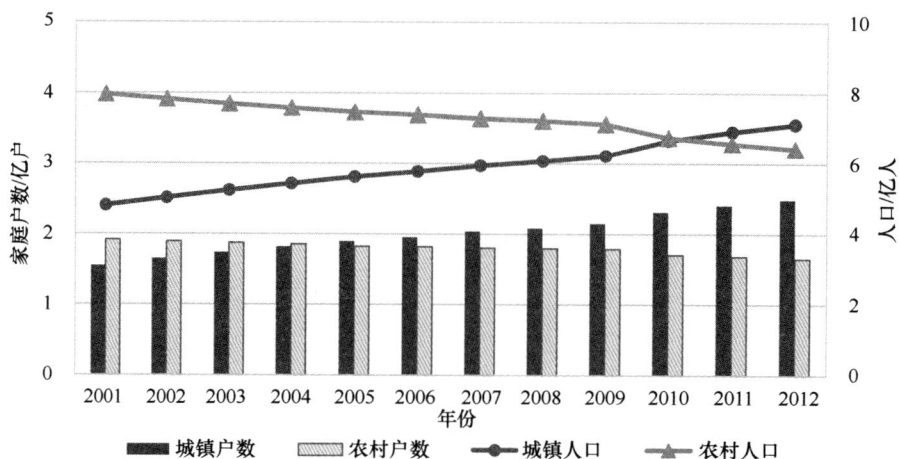

图 2-4　2001～2012 年我国城乡户数和人口的变化

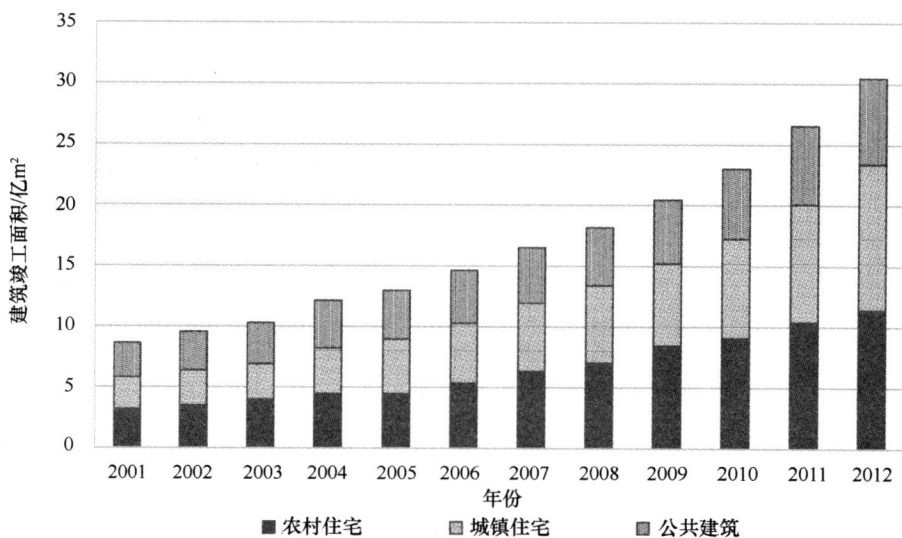

图 2-5　2001～2012 年我国各类建筑竣工面积

（彩图请扫描文后白页二维码阅读）

　　在房屋和基础设施的建设过程中会消耗大量的建筑材料，这部分建筑材料的生产能耗巨大，增长速度惊人，是造成我国能耗高、碳排放量高的主要原因之一。2004～2012 年，房屋和基础设施的营造能耗增长超过 2 倍，2012 年营造能耗达到 9.2 亿吨标准煤（tce），约占我国能源消费总量的 27%。而发达国家用于房屋和基础设施建设相关的能耗普遍仅占全国总能耗的 5%。营造能耗包括建材的生产能耗和建造过程中的施工能耗，其中钢材、水泥这两种建筑主材的生产能耗占据了大部分（图 2-6）。

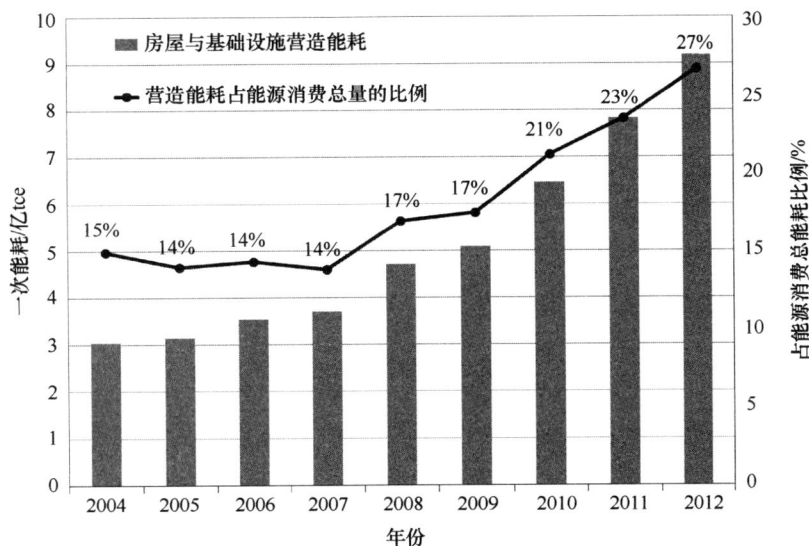

图 2-6　2004～2012 年我国房屋与基础设施营造能耗的逐年变化

房屋和基础设施的高速建设，造成了对钢材、水泥、铝材等建材的旺盛需求，根据《中国建筑业统计年鉴》，在建筑业营造过程中钢材、水泥、铝材和玻璃的消耗量均在快速增长，如图 2-7 所示。其中水泥和钢材的消耗量最大，占到了建材消耗的绝大部分。2004～2012 年水泥消耗量从 9.7 亿 t 增长到 21.8 亿 t，增长超过 2 倍；钢材消耗量从 1.5 亿 t 增长到 5.9 亿 t，增长超过 3 倍。

降低能耗和碳排放、推动生态文明建设需要进行产业结构调整，而在旺盛的建材需求下产业结构的调整却无法实现，所以降低建设速度是产业结构调整的深层次需要。

十八届三中全会指出要紧紧围绕建设美丽中国深化生态文明体制改革，目前高碳排放属于暂时现象，当"全面建设期"完成，建设业转为修缮业之后，此部分能耗与碳排放可显著降低，同时也能够实现制造业的产业结构调整。然而，必须避免城镇过度建设，必须控制总量上限和建设速度，不能把建设作为拉动 GDP 和经济发展的主要动力，更要坚决反对为了促进 GDP 增长，通过"大拆"促进"大建"的现象。

2. 城镇化过程中建筑运行能耗增长状况

随着城镇化中建筑面积的快速增加，建筑运行消耗的商品能源也在持续增长，2001～2011 年，我国城镇建筑面积翻了一番，与此同时建筑商品能耗总量也增长了一倍。2012 年建筑总能耗(不含生物质能)为 6.90 亿 tce[①]，约占全国能源消费总量的 19.1%，建筑商品能耗和生物质能共计 8.07 亿 tce(生物质能耗约为 1.17 亿 tce)。2001～2012 年，建筑能耗总量及其中电力消耗量均大幅增长(表 2-1，图 2-8)。

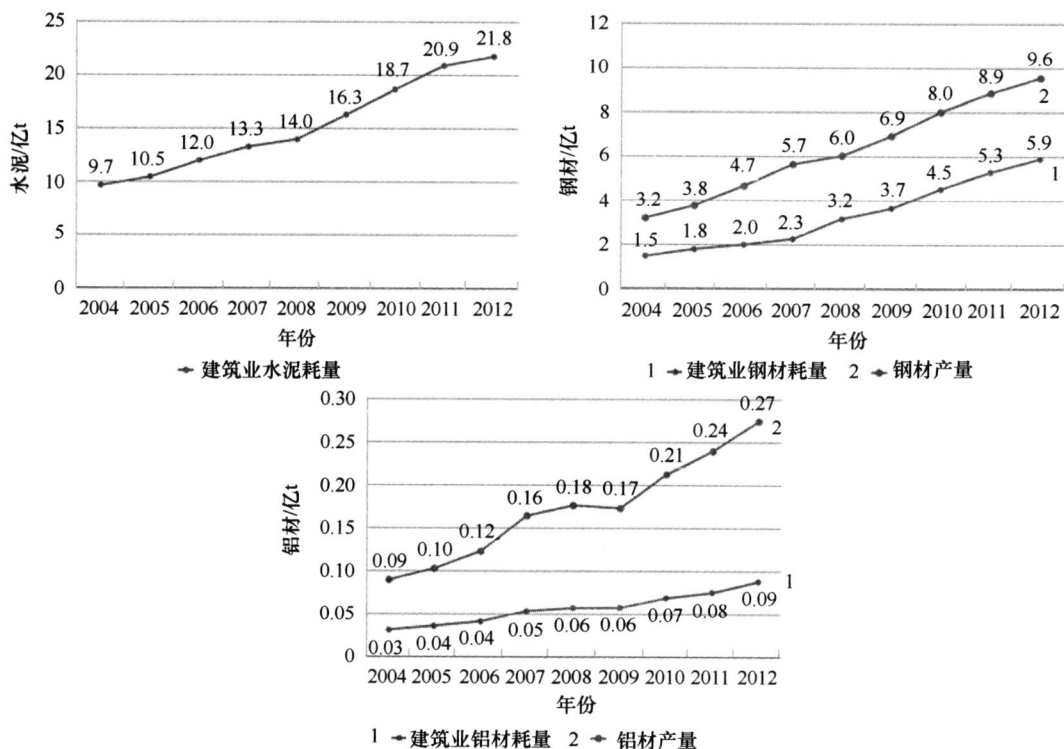

图 2-7　2004～2012 年我国建筑主材消耗量逐年变化

表 2-1　2012 年中国建筑能耗

用能分类	宏观参数(面积/户数)	电量/(亿 kW·h)	总商品能耗/亿 tce	能耗强度
北方城镇采暖	106 亿 m²	82.4	1.71	16kgce/m²
城镇住宅(不含北方地区采暖)	2.49 亿户	3 786.6	1.66	665kgce/户
公共建筑(不含北方地区采暖)	83.3 亿 m²	4 900.8	1.82	22kgce/m²
农村住宅	1.66 亿户	1 594.1	1.71	1 034kgce/户
合计	13.5 亿人，约为 510 亿 m²	10 363.9	6.90	510kgce/人

① 本章尽可能单独统计核算电力消耗和其他类型的终端能源消耗。当必须把二者合并时，本章采用发电煤耗法对终端电耗进行换算，即按照每年的全国平均火力发电煤耗把电力换算为标煤。国家统计局公布 2012 年的发电煤耗值为 305gce/kW·h

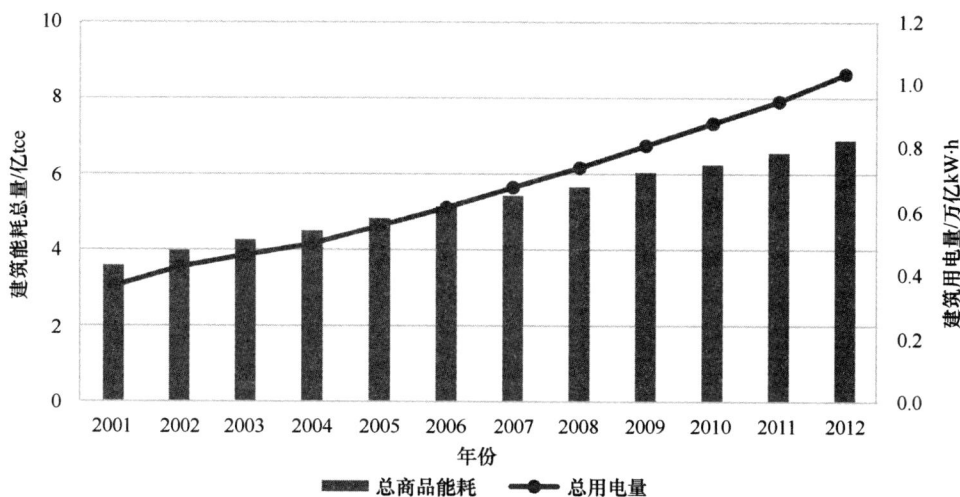

图 2-8 建筑商品能耗总量及用电量

从建筑用能分类来看，城镇住宅和公共建筑单位面积能耗均有所增长，仅北方城镇采暖单位面积能耗有所下降(图 2-9)。虽然相比于欧美发达国家建筑能耗，我国建筑能耗还处于较低的水平，但发达国家的建筑能耗过多，不是我国能耗承受的，我国能耗持续增长的趋势不容乐观：如果我国单位面积建筑能耗达到美国建筑能耗水平，即使建筑面积不再增长，我国建筑能耗总量也将增长到 44 亿 tce，大大超过 2011 年国家总能耗(32.5 亿 tce)，这是我国能源资源难以承载的巨大压力。

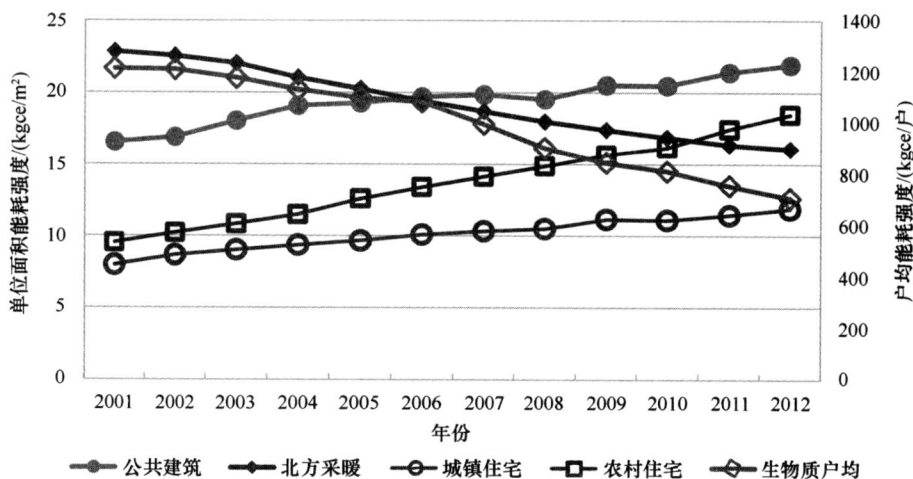

图 2-9 2001～2012 年各用能分类的能耗强度逐年变化

城镇住宅(不含北方采暖)用能包括住宅中空调、照明、家电、炊事、生活热水和南方地区采暖用能等，农村住宅用能包括采暖、降温、照明、家电、炊事和生活热水用能等，而公共建筑用能包括空调、照明、电器和生活热水用能等。

（三）生产和消费方式中违背生态文明的现象

1. 大量的建材需求导致产业结构不合理

目前建材产量持续增长，主要为城市建设和基础设施建设所拉动，建材工业能耗占我国制造业能耗的 46%（2009 年），其中一半以上是城镇建设需求所致。抑制这些产品的生产不能单纯靠"调整产业结构"，还要靠抑制需求。只要存在由城市建设拉动的对建材产品的巨大需求，就不可能通过任何"调整产业结构"的措施改变我国总的产业结构不合理现象。为了实现我国节能减排、低碳的目标，也必须从需求源头的控制入手，才能解决根本问题。

2. 城镇建筑发展状况极不均衡，存在大量的空置房乃至"鬼城"

目前城镇建筑使用状况和发展状况极不均衡，尽管仍有部分居民居住条件有待改善，但有相当多的居民拥有人均 100m^2 以上住房甚至两套、三套住房。根据西南财经大学中国家庭金融调查与研究中心发布的《城镇住房空置率及住房市场发展趋势 2014》，2013 年中国城镇自有住房空置率高达 22.4%，拥有多套房的城镇家庭比例达 21.0%。据此估算，我国城镇地区空置住房达 4898 万套，现有存量住房完全可以满足住房需求。

3. 盲目追求"高奇特"与奢华建筑

近年来，攀比摩天大楼、兴建大型商业综合体、建设高档楼堂馆所的风气从一线城市兴起，已逐渐蔓延到了二三线城市。"高奇特"建筑与奢华建筑的单位面积运行能耗一般为同样功能的普通建筑的 3～8 倍，盲目地追求此类建筑造成建筑建设的过量，不是扩大内需的措施，而是对能源、资源、土地的非理性挥霍，而且需要持续的能源消耗来维持运行，却不能给经济发展、社会发展、人民生活水平提高带来任何实质的促进。

（1）超高层建筑

超高层建筑作为城市的标志性建筑，近年来在全国各地发展迅速，超高层建筑的高度纪录不断被刷新，一批批超高层建筑如春笋一般纷纷破土而出。不仅是在上海、广州、北京，很多一二线城市都在打造地标性的"摩天大厦"。截至 2004 年年底我国大陆已建成 180m 以上的高层建筑 61 栋，到 2009 年年底该数据已增长至 104 栋。据不完全统计，截至 2013 年年底，我国 180m 以上的高层建筑已猛增至 465 栋。目前全国在建和即将开建的 500m 以上的超高层项目有 14 个，300m 以上的 70 多个（表 2-2）。其中 500m 以上的超高层项目只有 5 个分布在北京、上海、广州、深圳一线城市，其他 9 个分布在武汉、天津、苏州等这些非一线城市。一线城市当初规划的中央商务区基本建设完毕，超高楼建设将在 5 年内进入一个阶段的尾声。而大多数处于非一线城市的新兴中央商务区建设方兴未艾。

表 2-2　我国在建和即将开建的超高层建筑盘点

序号	建筑名称	所在城市	高度/m	地上层数	开工时间	预计竣工日期
1	深圳平安国际金融中心	深圳	660	118	2011 年 11 月	2016 年 3 月
2	武汉绿地中心	武汉	636	125	2011 年 7 月	2017 年 1 月
3	上海中心大厦	上海	632	121	2008 年 11 月	2015 年
4	天津高银 117 大厦	天津	597	117	2012 年 8 月	2016 年 8 月
5	罗斯洛克国际金融中心	天津	588	115	2011 年 12 月	尚未确定
6	苏州中南中心	苏州	598	148	即将开建	
7	广州周大福金融中心	广州	539	111	2013 年 9 月	2015 年
8	天津周大福滨海中心	天津	530	96	2009 年 11 月	尚未确定
9	中国尊	北京	528	108	2011 年 9 月	2016 年
10	亚洲国际金融中心	广西防城港	528	109	2010 年 3 月	2015 年
11	大连绿地中心	大连	518	108	2011 年 11 月	2016 年
12	合肥国际金融中心	合肥	502	112	即将开建	
13	华润集团总部大厦（春笋）	深圳	525	80	2012 年 10 月	2016 年
14	天空城市（远望大厦）	长沙	838	202	开工后被叫停	

超高层建筑的立面高度跨越了气候分区，高度超过 100m 以上的建筑部分气温和风速等气象参数均发生很大变化，通常每升高 100m 温度下降 0.6～1.0K，仅此变化即可导致建筑物移动一个 2 级气候区（朱春，2011）。再加上超高层建筑外形设计独特、功能复杂，以及必备的运行设备与普通公共建筑有很大的差异，造成超高层建筑单位面积能耗量远高于同功能的一般建筑。

（2）大型商业综合体

近年来，宏观调控对住宅领域实施了"限购限贷"政策，使得住宅市场遇冷。住宅市场的部分资金流向商业地产，加之商业地产的多样化与消费享受化，引导了商业地产的升级与变革，形成了休闲商业聚集的全新创造——大型商业综合体。商业综合体将商业、办公、居住、旅店、展览、餐饮、会议、文娱等多种功能进行组合，代表着各种休闲需求的实现，成为代表城市品牌与生活方式的标志区。如今，大型商业综合体已遍布一线城市，正在向二三线城市蔓延。在每座一线城市大型商业综合体的数量多达 30～50 个，总面积达 2000 万～3000 万 m²，商业容量已趋于饱和。在二三线城市，城镇化的快速发展带来了商业地产开发的契机，大型商业综合体正在崛起，商业地产步入了城市综合体的时代。

大型商业综合体的建筑体量大、内区面积大，客流密度和各种照明、电器密度高，多采用集中空调系统，能量传输距离长、转换设备多。其能耗以用电为主，其中空调系统耗电量比例最大，达到 50%，其次为照明系统，电耗达 40%，其余 10% 为电梯。大型商业综合体一般每天运行 12h 以上，全年基本没有节假日，因此与普通公共建筑相比，单位面积能耗高，全年总耗电量大，达到 200～400kW·h/(m²·a)，是普通公共建筑的 4～8 倍（表 2-3）。

表 2-3 我国将在未来 5 年内规划建成的大型商业综合体

地产商	旗下商业地产项目	未来 5 年内规划建成的商业综合体数量	未来 5 年内规划建成的商业综合体面积/万 m²
万达集团	万达广场	20	1 209
华润置地	万象城、五彩城	11	630
龙湖集团	xx 天街	8	487
万科	万科广场	18	500
绿地集团	绿地中心 绿地缤纷城	9	319
中粮置地	大悦城	30	1 500
恒隆地产	恒隆广场	3	47
凯德商用	凯德广场	15	633
丰数集团	怡丰城	3	152
远洋地产	未来广场	10	200
中海地产	环宇城	5	85
中航地产	中航城	8	357
金地集团	金地广场	6	328
世茂集团	世贸广场	10	1 208
银泰置地	银泰城	6	480
瑞安地产	xx 天地	4	1 014
保利地产	保利国际广场	7	427
鹏欣集团	水游城	8	574
SOHO 中国	SOHO	14	270
新世界地产	新世界广场	6	100
总计			10 520

仅表 2-3 列举的我国各大商业地产，未来 5 年内规划建成的商业综合体面积总计已超过 1 亿 m^2，按其单位面积能耗为 $300kW \cdot h/(m^2 \cdot a)$ 来计算，未来每年将消耗 300 亿 $kW \cdot h$，折合每年 1000 万 tce。

（3）大型交通枢纽

机场和火车站作为城市的重要基础设施，是综合交通运输体系的重要组成部分。作为国民经济和城市发展的重要支撑，交通运输业也在向优化综合运输结构、提高综合运输效率方向转变。在此背景下，一些大城市竞相规划和兴建大型综合交通枢纽。交通的交叉聚集同时催生出强烈的商业需求，形成交通枢纽商务区。结合了交通换乘、货物运输、工作人员办公、商业等多重功能为一体的交通枢纽俨然成为一座庞大的建筑综合体。

近年来，我国交通枢纽的总量初步形成规模，密度逐渐加大。2002～2010 年新建机场 52 个，2015 年前规划新建 82 个机场，同时扩建 101 个机场（图 2-10）。而火车站配合铁路的建设，自 2008 年，开工建设铁路新客站 1066 座，到 2012 年建成 804 座。

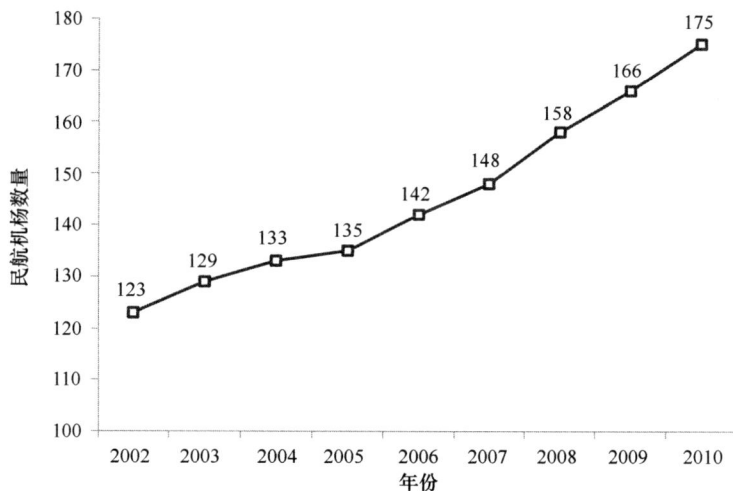

图 2-10 我国 2002～2010 年民航机场数量变化

近年来，新建的交通枢纽呈现以下几个特征。

第一，单体建筑面积越来越大。就机场航站楼而言，一般通常在 3000m^2 到 1 万 m^2；而 2007 年建成的北京首都国际机场 T3 航站楼面积为 90 多万，2013 年建成的深圳宝安国际机场 T3 航站楼面积为 45 万 m^2。如今正在拟建的大型国际机场有 6 个（铁道部，2012），其中青岛胶东国际机场与北京国际机场的航站楼面积分别达 60

万 m^2、70 万 m^2。

第二，部分新建车站人员密度小。由于客运的提速，车辆的班次间隔变短，旅客在交通枢纽中平均等待的时间显著缩短。这就导致在相同的客流密度下，交通枢纽单位面积人员密度减小，巨大的建筑空间没有得到充分利用。设计标准中给出的最大人员密度设计值为0.67人/m^2，而对几个新建或新扩建车站人员密度的调研结果表明，部分车站实际运行中的最大人员密度远小于该设计值，甚至不到0.1人/m^2（图2-11）。

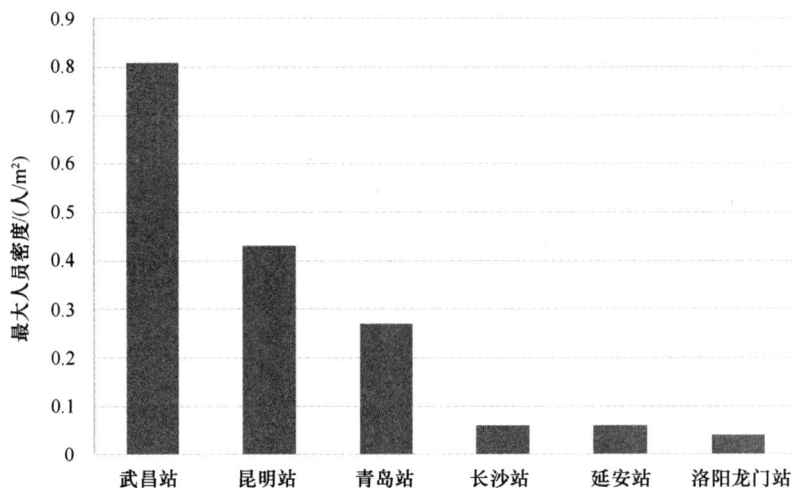

图 2-11　部分新建或新扩建车站人员密度

数据来源：刘燕等，2011

第三，单位面积能耗大。新建的大型航站楼或候车楼的建筑形式通常为高大空间，进深大、室外空气侵入量大、人员密度变化大，通常采用全空气系统，导致系统能耗高。通过对北京首都国际机场、上海虹桥国际机场和广州新白云国际机场的能耗调查发现，大型国际机场航站楼单位面积电耗约为 180kW·h/(m^2·a)，是小型机场的 2～3 倍。而新建的大型客站候车面积大多超过 2 万 m^2、层高超过 15m、年客流量达 2000 万人、全年全天运行、能耗密度高，单位面积电耗约为 160kW·h/(m^2·a)，一些客站甚至超过 250kW·h/(m^2·a)（表 2-4）。

新建交通枢纽单体建筑面积成倍增长，单位建筑面积的能耗大幅提高，导致此类建筑整体能耗迅猛增长。然而随着未来经济社会发展，交通枢纽的总数量还会继续增加，因此控制交通枢纽的单体建筑规模和能耗强度尤为重要。

表 2-4　我国部分火车站单位建筑面积电耗

客站名	建筑气候区	建成或最新改建年代	建筑面积/万 m²	单位面积电耗/[kW·h/(m²·a)]
抚顺北站	严寒	2008	0.5	70
延安站	寒冷	2007	2.4	77
呼和浩特东站	严寒	2006	9.8	78
乌鲁木齐站	严寒	2004	0.8	80
昆明站	温和	2012	1.4	131
武昌站	夏热冬冷	2008	3.4	218
青岛站	寒冷	1991	3.1	230
深圳站	夏热冬暖	1991	9.0	260
南京站	夏热冬冷	2002	4.1	270

二、国内外城镇空间生态文明建设的发展路径和模式

（一）欧洲生态城市建设研究

1. 英国的生态城市建设

英国是世界上第一个实现工业化的国家，经历 100 多年城市人口和城市规模的急剧膨胀，对城市和周围环境都产生了破坏性影响。1898 年霍华德提出田园城市的构想，1903 年开始在伦敦周边小镇进行试验性建设，1944 年大伦敦规划建设卫星城和绿带，从 20 世纪 80 年代开始，英国全国逐步开始了城市中心区更新运动。进入 21 世纪以来，气候变化和极端天气对英国产生了较大的影响，许多城市，如伦敦、阿伯丁、考文垂、格拉斯哥等都从城市层面发布应对天气变化发展战略。此外，社会非政府组织团体（NGO）也积极倡导可持续发展计划，涉及了生态、经济、社会各方面，包括零碳、零排放、可持续交通、可持续材料、可持续食品、可持续水源、生态栖息地、文化遗产、公平经济、健康生活共 10 项。这些发展计划已成为英国许多可持续发展社区、城市的标准。

英国生态城市建设具有如下特征。

1）应对气候变化。城市总体层面的生态城市建设案例，如阿伯丁、格拉斯哥等，强调应对气候变化，重点是降低碳排放，改变城市整体能源结构。2000 年前后，英国先后进行了小规模的生态城市实践，如格林尼治千年村（1997 年）和贝丁顿零碳社区（2002 年）的探索，并在此之后开始了面向全国的全面建设，英格兰、苏格兰、威尔士均有生态城市实践，涉及城市总体和中微观层面。英国

政府还在英格兰地区发起英格兰生态城镇(English Eco-Towns)的评选，提供资金并广泛宣传。

2)政府组织协作。英国生态城市建设在城市整体尺度上的推动多由政府主导，而针对社区等中微观尺度则由 NGO 或其他地方组织，通过设立多项奖励计划，如倡导"一个星球计划"(One Planet Living)等，形成富有自身特色的生态城市建设内容和步骤，并向全国推广。

(1)生态城镇计划

2007 年，英国政府在英格兰地区发起了一项生态城镇评选的计划，计划至少评选出 10 个生态城镇作为英国践行可持续发展的实例。至 2009 年，英国政府从 50 多个参选城镇中选出了 4 个作为生态城镇建设典范——北西比斯特(North West Bicester)、雷克赫斯(Rackheath)、圣奥斯特尔(St. Austell)、怀特希尔博尔(Whitehill-Bordon)。这些生态城镇多位于城市附近，通过公共交通网络方便到达。英国政府将提供 6000 万英镑资助，并有 250 万英镑专门用于生态校园的建设。计划于 5 年内新建能容纳 30 000 户居民的住房，并提供 2000 多个就业岗位。英国政府出台了《生态城镇规划政策建议书》(*Planning Policy Statement：Eco-Towns*)，从碳排放规划、应对气候变化、工作岗位、生活方式、自然景观、水资源、交通规划、社区规划等方面提出了生态城镇建设标准。

北西比斯特：北西比斯特位于比斯特镇的郊区，规划新建 5000 户住户住宅中有 1500 户属社会性住房，2011 年批准了第一个可实施项目，为 393 户住户建设可再生能源中心，2012 年，北西比斯特被评为"一个星球计划"(One Planet Living)奖。雷克赫斯：雷克赫斯位于历史重镇的郊区，原为第二次世界大战飞机场，现在用于农业用途，规划包括约 4000 个新建筑，地方团体提出反对当地城市化的口号。圣奥斯特尔：改造 6 个废旧制瓷黏土坑，建设 5000 个碳中和住宅、零售、休闲设施。怀特希尔博尔：以公共和私营部门的合作伙伴的形式，规划未来在 230hm^2 土地上建设 5500 个碳中和住宅和两个生态校园。

(2)阿伯丁可持续城市

阿伯丁是英国苏格兰地区的重要城市，是苏格兰当局采取应对气候变化行动计划(2002 年)的第一个城市。

减少碳排放是阿伯丁可持续发展中的重要方面。阿伯丁于 2008 年开始实行可持续建筑标准(sustainable building standard)，确定至 2015 年 CO_2 排放量较 2008 年减少 23%，至 2020 年减少 42%。阿伯丁每年发布《城市碳管理项目进展报告》(*Carbon*

Management Programme Progress Review），整体分析了城市 CO_2 的排放比例、公共建筑 CO_2 的排放比例，总结历年城市 CO_2 的排放来源和排放趋势，得出城市碳排放主要集中在公共建筑使用和垃圾填埋处理两大方面。从这两方面入手，有目标地跟进减碳行动（图 2-12，图 2-13）。

a. 阿伯丁城市议会的碳足迹统计2011~2012
（总共排放100 134吨二氧化碳）

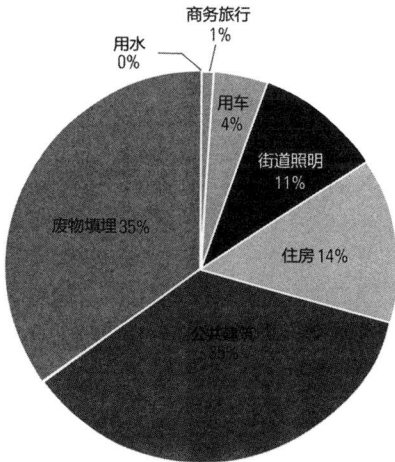

b. 阿伯丁城市议会所有的公共建筑碳足迹统计2011~2012

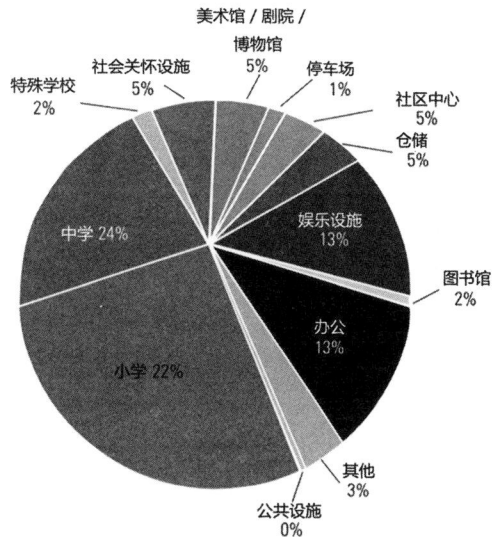

图 2-12　城市 CO_2 排放比例（A）和公共建筑 CO_2 排放比例（B）

数据来源：Aberdeen City Council，2011

《阿伯丁地区发展规划》（*Aberdeen Local Development Plan*）从基础设施、交通、居住区、商业区、工业区、环境、资源 7 个方面对阿伯丁如何实现可持续发展目标提出了政策和技术层面的规划。基础设施规划方面，城市整体被划分成 11 个区块。统筹协调各区块间的基础设施；交通规划方面，建设以公共交通为主导的道路体系，增加适宜的步行及自行车道路体系，以此改变私人小汽车的出行比例；环境规划方面，构建绿网绿带开放空间系统。针对如何提高空气质量：在阿伯丁，由于汽车尾气的排放导致氮氧化物和细颗粒物含量超标，目前建设了三个空气质量管理区，进行监测和模拟工作。此外，颁布《空气质量补充导则》（*Air Quality Supplementary Guidance*），任何规划申请需经过空气质量影响的评价，如果对空气质量有不良影响，则在申请中必须包含减轻空气污染的措施并通过审核，在建设进行中也需进行一系列空气质量的跟踪评价。

阿伯丁城市议会二氧化碳排放趋势

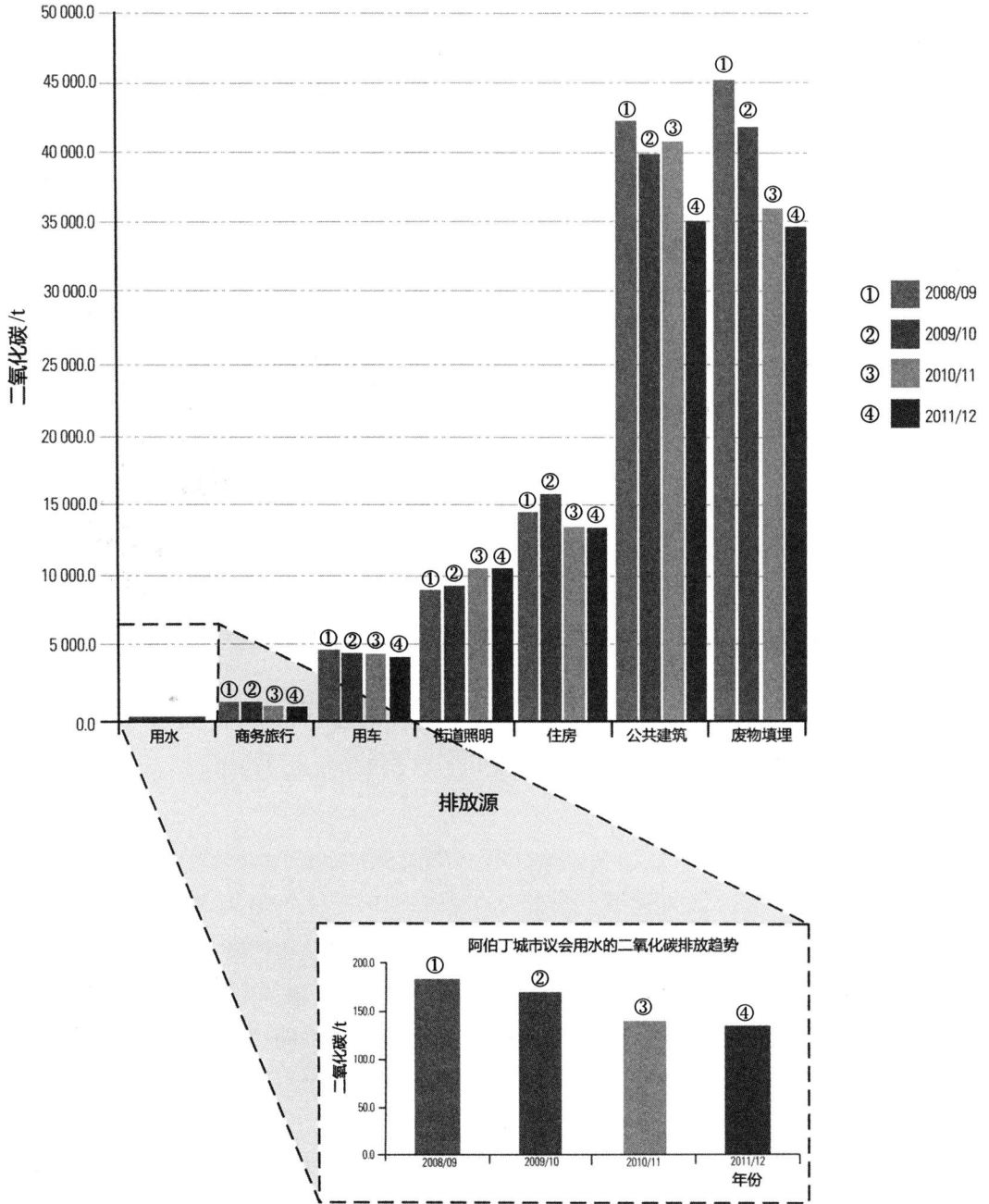

图 2-13　2008～2012 年城市碳排放变化趋势

数据来源：Aberdeen City Council，2011

除了气候问题和空气问题，阿伯丁可持续发展规划还关注居民、企业、游客三者关系；推广非塑料产品的使用，植树活动，颁发阿伯丁生态城市奖（Aberdeen EcoCity Awards），提高市民对生态城市理念的认识。

2. 德国的生态城市建设

德国属于生态城市建设起步较早的国家之一。最初的生态城市建设源于 20 世纪 70 年代，城市居民在非政府机构和环保人士的引领组织下，反对政府破坏环境的开发建设行为，并在取得成果之后迅速地建议在城市引入新政策，如埃尔朗根的交通规划、弗赖堡的住区规划等，并以此为起点，成为世界生态城市建设的典范（图 2-14）。

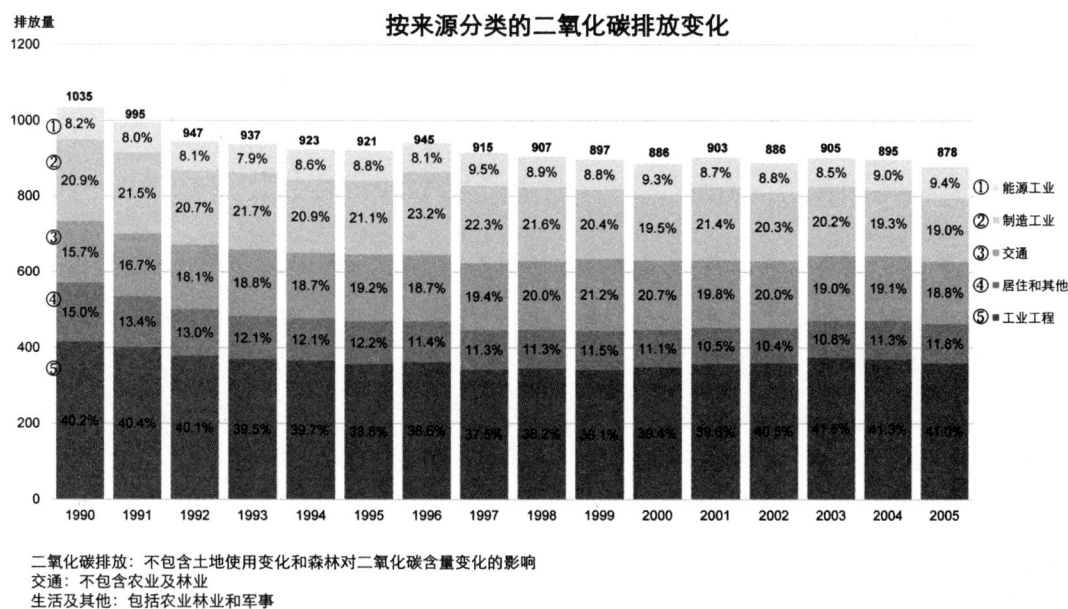

图 2-14　1990～2005 年德国全国 CO_2 排放变化趋势

数据来源：Federal Environmental Agency，2005

德国生态城市建设具有如下特征。

1）从交通和能源起步。颁布以慢行交通主导的城市交通政策，是众多德国生态城市的首要步骤。此外，新能源的开发与应用也是生态城市实践的重要方面。

2）涉及各种建设类型。德国城市案例涉及环境、规划、建设、住房与交通等诸多领域，如埃尔朗根的城市政策、柏林克罗依茨贝格的街区改造、汉诺威康斯伯格的街区新建、汉堡港口新城的大规模改造开发等各种建设类型。同时包含以交通政策为主导、以新能源开发为主导、以生态产业为主导的各种发展重点，在生态城市建设的各个层面都进行了实践。

3) 地区分布差异明显。生态城市在德国的分布可以明显看出原东西德之间的差异十分明显，原属西德地区的城市发展生态城市居多。以弗赖堡为例：位于德国巴登-符腾堡州的弗赖堡市，因其在可持续城市规划方面做出的突出成绩入选了上海世博会最佳实践区展示案例。通过大量使用可再生能源，大力发展以太阳能技术研发生产的产业经济，吸引来自世界各地的学者、科学家、政治家和游客，并由此已经形成了太阳能研究所、太阳能企业、供货商和服务部门一体化的绿色经济网络。

弗赖堡的城市发展指导方针和实践范例可以总结为：利用太阳能、生物质能、沼气、风能等可再生能源，按照比欧洲普通房屋能耗节约至少 70%化石能源的房屋节能标准建房，节约建筑用地，使用生态的、保护环境的建筑材料，由此使得约 12 000 人就业于环保和太阳能领域。环保节能产业成为弗赖堡经济发展的强大推动力，促进经济发展、增加就业，使弗赖堡成为最具国际竞争力的德国城市之一。

弗赖堡的主要经验有：

第一，绿色经济政策：大力支持可再生能源的开发，实现能源的技术革新。私立与公立的科研中心，作为从事可再生能源研究的核心，集中了数百家与此相关的企业组织，形成稳定的研发生产链条，建立以绿色经济为支柱的产业。

第二，公共交通方面：1985 年弗赖堡第一次提出有轨电车的路线方案，用于减少小汽车的使用。到 2010 年，弗赖堡公共交通工具的数量是私人小汽车数量的 15 倍，70%的本地交通为公共交通、自行车或步行。弗赖堡是唯一一个小汽车拥有率逐年降低的德国城市。城市中心区不对小汽车开放，加大公共交通投资，提升有轨电车网络服务范围。

第三，可持续的土地使用和示范社区：弗赖堡于 2006 年通过的土地使用规划 (*The Land Use Plan 2020*) 中要求缩减建设用地，提高城市容积率，集约利用土地资源，同时强化城市公共空间系统。沃邦社区(Vauban)和丽瑟菲尔德社区(Rieselfeld)充分混合了居住、休闲、工作、商业多种功能，配套设施非常完善，与市中心建立便捷的公共交通(有轨电车)联系，推广节能建筑，以低碳住宅和低碳建筑为基础，实现社区的生态低能耗。

第四，公众参与开发：开发过程由市议会取代开发商进行控制，允许居民组成社区团体主导。此外设计师允许个人在整体的设计框架下开展个体设计。

弗赖堡努力通过政策制定，规划设计和建筑技术的运用，保护气候环境，控制碳排放，推广使用新能源，创造新的就业机会，获得新的经济增长和可持续发展。

3. 丹麦的生态城市建设

丹麦从 20 世纪 70 年代开始积极进行风能开发，目标是到 2050 年达到不再使用化石能源。在丹麦，平均每 $100km^2$ 有 10.85 台风力发电机，风能发电达到全国电力来源的 28%。丹麦本国人民对于国家能源政策一直保持高度的支持和热情，这也是可再生能源在丹麦得以迅速发展的原因。2009 年在哥本哈根举行的世界气候大会，将丹麦风能开发作为案例向世界宣传与介绍，扩大其影响。

总结丹麦生态城市建设有如下特征。

1) 风能产业特色。丹麦的风能产业经过 30 多年的推行和发展，已经形成特色产业，也是全球风力发电的创新和开发中心。丹麦风力产业包含超过 350 家公司，以及 25 000 名从业人员。全球各地与风力相关的公司均将核心研发工作部设于丹麦，涵盖整个风力产业链。世界风电设备的市场份额丹麦占 1/3，海上风力发电机组的技术来源 9/10 属于丹麦。其他可再生能源如生物质能的利用在丹麦也是十分常见的。

2) 自行车文化。丹麦自行车文化的发展源于 20 世纪 70 年代两次能源危机之后。有数据统计，丹麦有 1/3 的居民选择自行车出行。无论政府官员还是普通居民，都热爱自行车文化，并将自行车改装得具有个人特色。

3) 以项目作为基础。由于丹麦的生态城市极少有整体层面的政策及规划，因此许多城市在进行生态实践的过程，即进行若干个经细分的项目，并以此作为基础形成该城市的总体实践。如赫尔辛格 Eco-City，通过若干个生态建筑新建和改建项目作为节点，串联起整个城市的生态实践。

4) 广泛的企业参与。企业在丹麦生态城市建设方面起到积极作用，如成立丹麦能源工业联盟(Danish Energy Industries Federation)、丹麦工业联合会(Confederation of Danish Industry)等企业组织，通过技术开发如节能产品智慧能源管理系统等，运用于生态城市实践中。

以萨姆苏岛(Samsø)为例：2009 年哥本哈根联合国气候变化大会上，萨姆苏岛宣称其在现代生产生活中完全实现了"碳中和"，因而引起世界的广泛关注。

在萨姆苏能源研究院的《走向可再生能源的萨姆苏：十年发展与评价》(*Samsø: a Renewable Energy Island——10 Years of Development and Evaluation*)中，详细记录了 1997 年以来萨姆苏在能源、交通、旅游、文化、经济、环境、资金来源方面所采取的行动和取得的成效。

能源方面，以风能、生物质能、太阳能及地热能构成了岛域的能源体系。岛内鼓励所有家庭加入区域供热系统，每个用户需缴纳 80 克朗（合 10 欧元），以本岛农作物秸秆作为燃烧原料。另外，一个以本地菜籽油为原料的沼气供热厂已在岛的南部规划建设。电力供应中，岛内主要可再生能源的生产依靠风能发电，在岛上和临岛的海面建设有 21 台风力发电机组，11 台发电功率为 2300MW·h/台的陆上风力发电机组，10 台发电功率为 3500MW·h/台的海上风力发电机组。所产生的电能除供岛内居民生产生活外，可有 40%的电力通过电网输出。交通方面，鼓励发展环岛迷你巴士并与轮渡相结合、改造以菜籽油为燃料的农业机车，将短距离出行的机动车用电动车替代。旅游和教育方面，作为一个旅游资源丰富的岛屿，每年有大批游客上岛，由于可再生能源的利用，越来越多的人开始上岛参观学习岛内的可再生能源发展经验。萨姆苏能源研究院是"碳中和"项目立项后的推行中心，由欧盟和丹麦政府资助 40万欧元，设立会议和交流中心，接待来自世界各地的学者、学生的访问和短期培训。

萨姆苏岛内的风能设备都是当地居民自己筹集资金建造的，居民通过购买岛上风力发电机股票的形式参与生态岛建设。

（二）国内生态城市建设案例

1. 河北曹妃甸国际生态城

曹妃甸国际生态城旨在引导城市走上生态发展的道路。曹妃甸国际生态城位于曹妃甸工业区和曹妃甸机场东北部 5km 处，距离唐山市中心 80km，距离天津 120km，距离北京 220km。作为唐山市和河北省的主要经济增长中心，曹妃甸工业区是 2005年国家发展和改革委员会批准的国家循环经济示范项目之一，项目旨在促进该区四大工业（精炼钢、设备制造、化学工业和现代物流）的资源循环和污染物零排放。曹妃甸的工业发展得到了国家政府的大力支持，持续稳步发展，特别是在 2007 年在该地区发现了一个新的 10 亿吨级油田。吸引高端服务和有技术的工人对工业发展来讲至关重要，在 2007 年年初启动了曹妃甸国际生态城计划。生态城将是生态友好型、资源能源节约型、经济宜居型和社会和谐型城市（图 2-15）。

曹妃甸国际生态城的特点包括以下方面。

1）开发利用荒地。曹妃甸国际生态城建设在荒地和潮间带上，未占用农田。土地开垦成本约为每平方米 117 元人民币，成本相对较低，是因为建设期间无须开展征地和移民安置工作。通过以下努力土壤环境正在不断改善：设置双重海堤营造淡

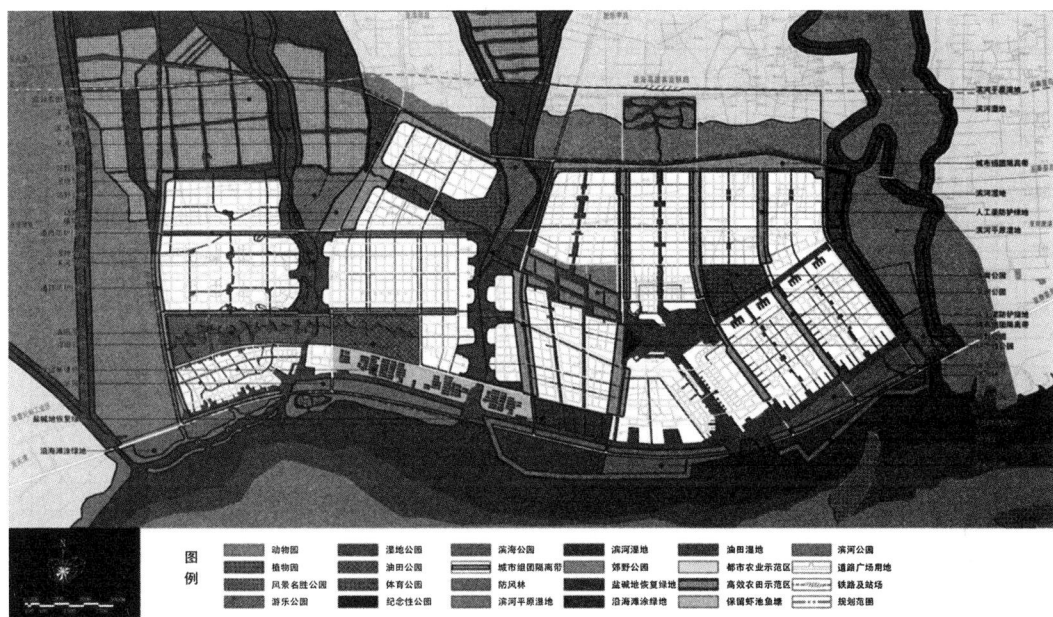

图 2-15　生态系统规划对非建设用地的统筹考虑

数据来源：瑞典 SWECO 建筑设计公司，2010

曹妃甸国际生态城报告

（彩图请扫描文后白页二维码阅读）

水环境；建设绿色空间系统，并将其整合到沿海防洪工程中；支持油田绿地和河口湿地。截至 2015 年，绿地覆盖面积达到 30% 以上。

2）绿色交通占 90%。曹妃甸国际生态城提倡行人优先和公共交通优先，提倡采用公交导向型城市发展模式。通过此举措，曹妃甸国际生态城将努力限制与交通有关的二氧化碳排放量，将其限制在每千米每人 20kg。截至 2015 年，预计公交份额将达到 70%，徒步出行和自行车出行比例将达到 20%。成本较低的快速公交系统将成为运输网的支柱，一些地区将会把轻轨作为候补交通方式，把公共汽车作为快速公交系统的支线。与此同时，曹妃甸还考虑到了降低私家车需求及公交使用最大化的措施，如限制停车场的供应量、降低公交票价、向拥有多台私家车的车主征税等措施。

3）来自非传统水资源的百分比达到或超过 50%。曹妃甸国际生态城水资源匮乏，提倡利用再生水、淡化海水和雨水。100% 的生活污水都将被处理和再利用，此标准高于国家生态城市标准中规定的 85% 的污水处理率和 30% 的处理后污水再利用率。曹妃甸国际生态城还通过限制单位 GDP 的水消耗量，提高了用水效率。

4）可再生能源和余热供应份额超过 70%。可再生能源如太阳能、沼气、风能、地热资源，将占生态城市能源供应总量的 50% 以上。此外，来自钢厂和电厂的工业余热也将成为重要的供热资源。垃圾焚烧和冷热电联产将被作为辅助的供暖来源。热电厂建设期间，热电厂中会增加海水淡化设施。

5）考虑到了社会问题。例如，提议经济适用房比率应达到总住房面积的 20% 以上。应在距离居民区 300m 以内的区域设立公交站点，在 500m 以内的区域建设公共服务设施。

2. 广东深圳生态城市

在过去的 30 多年间，深圳的发展速度在中国城市中首屈一指。深圳人口超过800 万人，成为广东省第一大经济市和中国第四大经济市。深圳快速的经济发展也带来严重的环境和社会问题，大量的农民工给城市基础设施带来压力。例如，2005年，城市污水的集中处理率仅有 38%，低于中国城市平均水平。在 2007 年，深圳市仅有 2/3 的地表水达到了国家水质标准。为使深圳以经济为中心的发展模式转换为可持续发展模式，深圳市政府于 2005 年宣布，深圳市将会把城市形象从"快速的深圳"转变成"高效的深圳"和"和谐的深圳"。深圳市正在努力创造城市绿色空间体系，改善空气和水质，推行清洁生产，支持绿色交通和绿色建筑。2006 年，深圳市制订了 2006～2020 年的生态城施工计划，并根据环保部制订的国家生态城市标准提出了一套生态城市指标体系。此体系具有 23 项指标，涵盖了社会经济发展、资源利用和生态环境等领域。其目标是到 2010 年使深圳市成为环保部认可的国家生态城市。深圳市已经于 1997 年被认定为"全国环保模范城市"，并于 2007 年被住房和城乡建设部指定为首个全国生态花园试点城市（图 2-16）。

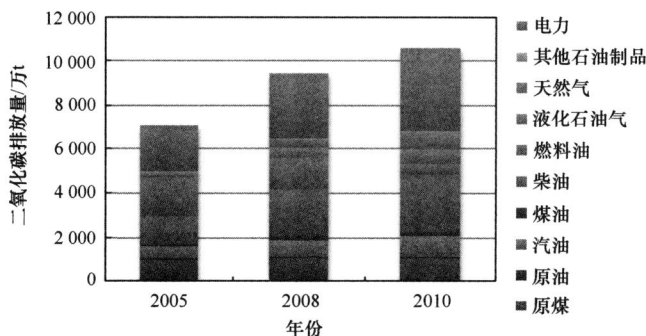

图 2-16　深圳市历年二氧化碳排放量

数据来源：中国科学院深圳先进技术研究院，2012

（彩图请扫描文后白页二维码阅读）

广东深圳生态城市的特点包括如下几方面。

1) 区域生态体系。深圳市接近一半的土地严格禁止建设任何建筑，可用土地资源数量非常有限。深圳从多中心的立体结构中受益，此结构有助于防止城市扩张。除了深圳生态城市建设计划外，深圳还开发了深圳绿色空间体系计划、深圳生态多样性保护计划、深圳生态森林建设计划和深圳湿地计划，用来指导包括绿色空间、野生动物栖息地、沿海区和湿地等区域生态体系的保护和建设。2005 年，深圳的人均公共绿地面积超过了 $16m^2$，高于生态城市标准中规定的 $12m^2$。深圳的空气质量也很好。2005 年，环境空气质量达到或中国国家环境空气质量标准二级标准中规定的 360 天，远远高于国家生态城市标准中规定的 300 天。

2) 能源和资源效率。与中国其他城市相比，深圳的人均 GDP 资源消耗量的能源和资源效率更高。例如，2005 年单位 GDP 的能源消耗为每一万元人民币消耗标准煤 0.63t，截至 2020 年此数值有望减少到 0.35t。这些数值远远低于国家生态城市标准中规定的 0.9t。2005 年单位 GDP 的水消耗为每一万元人民币消耗水 $33.8m^3$，此数值远远低于国家生态城市标准中规定的 $150m^3$。

3) 节能型建筑。2006 年，深圳市落实了"建筑节能规定"，制订并执行了节能建筑标准。2008 年，新建建筑达到国家节能标准的比例达到了 100%，使深圳成为中国最先达到此目标的少数几个城市之一。国家平均水平为 71%，远远低于深圳市水平。深圳市政府还规定每年新建的建筑物中至少有 10% 达到国家绿色建筑标准。通过节能条例的强制实施，建筑行业节约能源的数量占到了整个深圳市节能目标的 49%，达到 83 万 t 标准煤。

4) 循环经济。深圳是中国首个发布地区规章、技术标准和财政机制推动清洁生产、再生水和太阳能的城市。这些工作以 2006 年颁布的《深圳经济特区循环经济促进法案》为指导，设立了市级和区级的机构管理循环经济的发展。2005 年，二氧化硫和化学需氧量的释放强度分别为每一万元人民币 0.88kg 和 1.13kg，远远低于国家生态城市标准中规定的 5.0kg 和 4.0kg 的标准。2007 年，深圳市被国家发改委、环保部和其他直属部委指定为"国家循环经济试点城市"。

3. 江苏淮北生态城市

淮北生态开发的主要动力是解决与矿业部门有关的严重环境问题，主要方式是采取各种补救措施。淮北地区煤矿储量丰富，煤矿工业是经济的主要动力。淮北是中国十大产煤城市之一。目前，淮北的能源工业产值在中国东部名列第三位，占淮北市工业产值的 70.8%，占总 GDP 的 37.4%。半个世纪的煤矿开采作业已经使得该地区煤矿储量锐减，更重要的是给环境和发展可持续性造成了威胁。淮北一年中仅有不足 200 天的环境空气质量达到或超过了中国国家环境空气质量二级，远远低于国家生态城市标准中规定的 300 天。化学需氧量的排放强度、单位 GDP 能源消耗量和单位 GDP 水消耗量均未达到国家标准。2009 年，淮北被认定为中国 44 座"能源枯竭"城市之一。为改善这种情况，2004 年，淮北市开始制订淮北生态城市建设计划。同时还设立了指导委员会负责管理生态城市的开发。

江苏淮北生态城市的特点如下。

1) 恢复退化土地。近些年来，淮北城市规划侧重于恢复因大量采煤造成的地层下陷。淮北下陷地区面积接近 130km²，每年以 5km² 的速度增加。淮北从 19 世纪 80 年代中期起就启动了下沉地层恢复工作，制订了各种补救措施解决不同问题。城市计划明确指出应严格保护市中心下沉地区，作为绿化带、湿地和用水区。计划指出城市建成区域边缘的下沉地区恢复后可用作城市道路、公共设施和工业园建设用地，但前提是达到有关建筑高度和建筑标准的特殊规定，所有建设项目都需采取适当的工程措施。这些下沉区域也可作为城市公园的建设。目前，约 54km² 的下沉地区都已经得到了恢复，中央人民政府已经认定淮北市为"土地恢复示范区"。

2) 建筑行业。淮北市发布了规章推动"土木工程建设节能管理"，规定所有新建建筑必须符合节能标准。此外，淮北提倡在建筑物建设中使用废料。例如，将工业废料作为建筑的原材料。目前，淮北市中 80% 以上的多层砖-混凝土结构建筑使用煤矸石烧结砖。

3) 用水效率。淮北市颁布规章并采用工业水配额的方式推动水资源保护和管理。采取的措施有：煤矿水净化处理，冷却水回收利用，推广节水灌溉，并改造供水网防止水泄漏。采取这些措施后，预计淮北市可节约 7000 万 m³ 的水资源。收集雨水将其重新注入河流和下沉区域内作为工业用水。2006 年，淮北被有关部门认定为"国家节水试点城市"。

4) 能源效率。淮北市颁布了一系列的规章用来评估、监督、激励并推动工业开发中的节能工作。通过更新现有设备和利用余热的方式，节约了工业发展所需的能源。将煤层气作为民用燃料气。截至 2015 年，煤层气的产出可达到 2 万 m³。在农村通过采用太阳能热水器、节能灶、农村沼气池、太阳能温室和太阳能供暖等方式推动可再生能源的使用。2008 年，淮北市启动了"节能减排家庭社区行动"，以此提高了民众节能意识，还在社区内陈列出宣传挂图。50 个家庭被授予"节能家庭"

的称号。

5)循环经济。2008年1月,淮北市被确定为中国循环经济第二组试点城市。2008年5月,淮北市政府颁布了《淮北推动循环经济发展的规章》,为主要的企业和项目设立了支持基金和优惠税收政策。近些年来淮北市还扩展了工业链开发煤炭深加工,并实施了一系列与循环经济有关的重点项目。淮北煤化-盐化综合项目(最大的项目)将投资人民币400亿元,目前项目逐渐成形。淮北市主要工业中的12家企业(如煤、纺织机械、电力、印染和轻工业)被认定为试点企业,以达到污染综合控制目标,主要实行清洁生产,降低二氧化碳、二氧化硫及其他污染物的排放。煤矸石、尾矿和炉渣的综合利用情况也有所改善。

(三)生态城市的建设模式

在大量生态城市建设实践中,依据不同角度可以将这些实践划分成不同模式类型。

根据城市建设涉及规模的不同,生态城市建设可被分为两大类:一类是宏观层面的,涉及空间规划及使用模式;另一类是微观层面的,涉及技术使用和功能布局原则。

根据城市建设主体模式的不同,生态城市建设模式大致可概括如下。

(1)政府导向型模式

这种模式在世界生态城市建设中最为常见。政府一直非常重视发挥政府职能的作用,通过政府制订相关发展规划,通过相关法规政策支持,加快推进生态城市建设。

(2)技术创新型模式

将加强生态环境方面的科技研究置于重要地位,选择需要重点突破的领域进行科研攻关,尽快使其产业化。

(3)项目建设带动模式

主要通过典型项目的有效实施,如改善能源利用项目、中心城区改造项目、河流重点流域恢复项目、垃圾循环回收项目、建设慢行道项目等,在生态城市建设中发挥重要的带动作用。

(4)团体组织驱动模式

通过发挥城市社区组织的作用,引导和组织社区群众积极参与生态城市建设。

(四)国内外生态城市评价指标体系中生态类指标分类分解

指标体系是由若干相互联系的统计指标所组成的有机体,生态城市指标体系则是在生态城市设计、建设、运营、管理全过程中涉及的若干相互联系的生态要素的统计指标所组成的集合。

生态城市指标体系的特点包括科学性与实用性,典型性与可比性,动态性与可操作性,前瞻性与导向性,层次性与数量化。本研究选取了 12 项国外生态城市评价指标体系和 7 项国内生态城市评价指标体系,将其中生态类指标分类分解。

1. 国外生态城市评价指标体系

(1)联合国可持续发展委员会可持续发展指标体系

联合国于 1992 年成立了联合国可持续发展委员会,联合国政策协调和可持续发展部、联合国统计局、联合国开发计划署、联合国环境规划署、联合国儿童基金会和联合国亚洲及太平洋经济社会委员会等机构合作研究并在 1999 年提出了可持续发展指标体系,涵盖社会、环境、经济、制度四大方面,包括 15 个领域、58 个指标。其中,涉及生态环境类 5 个领域,分别是大气、土地、海洋和海岸、淡水、生物多样性,13 个子领域和 19 个指标(表 2-5)。

表 2-5　联合国可持续发展委员会可持续发展指标体系生态类指标分解(彭惜君,2004)

指标名称	涵盖类别	涉及环境类领域	子领域	指标
可持续发展指标体系(联合国可持续发展委员会)	社会环境经济制度	大气	气候变化	温室气体排放量
			臭氧层耗竭	臭氧层耗竭物质消费量
			空气质量	城市大气污染物浓度
		土地	农业	耕地面积
				化肥使用量
				农药使用量
			森林	森林覆盖率
				木材采伐量
			沙漠化	受荒漠化影响的土地面积
			城镇化	城市正式和非正式住区面积
		海洋和海岸	海岸	海水中藻类数量
				沿海人口
			渔业	年产量
		淡水	水量	年地表水及地下水量
			水质量	水体中的生物需氧量(BOD)
				淡水中的粪大肠杆菌量
		生物多样性	生态系统	有选择的关键生态系统的面积
				保护区面积
			物种	有选择性的关键微生物的分布量

(2)世界自然保护联盟可持续性晴雨表评估指标体系

世界自然保护联盟(IUCN)与国际开发研究中心(IDRC)联合提出了"可持续性晴雨表"评估指标和方法，用于评估人类与环境的状况及可持续发展迈进的进程。该评估指标和方法涵盖了人类福利与生态系统福利两大类，并认为可持续发展是人类福利和生态系统福利的结合，生态系统环绕并支撑着人类，只有当人类和生态系统都好的时候，社会才能是可持续的。生态系统福利子系统包括土地(5 个指标)、水资源(20 个指标)、空气(11 个指标)、物种与基因(4 个指标)、资源利用(11 个指标)等 5 个要素 19 个指标(表 2-6)。

表 2-6　世界自然保护联盟可持续性晴雨表评估指标体系生态类指标分解(张志强等，2002)

指标名称	涵盖类别	涉及生态系统类目标	指标
可持续性晴雨表评估指标体系(世界自然保护同盟)	人类福利 生态系统福利	土地	耕地和建设用地分别占总土地面积比例
			生态用地占总土地面积比例
			森林面积年变化率
			保护用地的比例
			退化土地的比例
		水资源	河流悬浮物含量
			可再生水利用率
		空气	空气中 NO_2 浓度
			城市中颗粒物浓度
			人均 CO_2 排放量
			人均消耗臭氧层物质的使用
		物种与基因	受威胁高等植物比例
			受威胁高等动物比例
			受威胁的动物种类
		资源利用	人均能源需求
			每公顷粮食产量
			每公顷化肥消耗量
			每平方千米捕鱼量
			木材消耗和进口量

(3)"欧洲绿色之都"评选指标体系

"欧洲绿色之都奖"(European Green Capital Award，EGCA)是由欧盟环境委员会发起的评选活动，从 2010 年开始每年授予一个城市"欧洲绿色之都"的年度称号。作为对城市发展可持续度的评价和奖励，欧盟环境委员会设立这一奖项主要基于三个目的：对已经达到较为可持续环境目标的城市进行表彰；鼓励城市为未来的环境质量提升和可持续的发展设定长远目标；树立模范榜样以激励其他城市和推广最佳实践经验(表 2-7)。

表2-7 "欧洲绿色之都"评选指标体系生态类指标分解

指标大类		指标	指标解释
1	应对全球气候变化	人均CO_2排放量及其趋势	考虑人均CO_2排放量、交通碳排放的比例及1990~2005年人均CO_2排放量的变化趋势
		单位电能中的碳含量	通过此指标来考察可再生能源的使用比例
		区域集中供暖	采用集中供暖的住户占总数的比例
		温室气体减排目标和策略	分别考虑城市的近期(2015年)、中期(2020~2030年)和远期(2050年)的目标和策略
2	本地交通	自行车道	自行车道的长度、人均长度和密度，以及是否独立车道等
		公共交通覆盖	居住在距公共交通站点300m以内的人口比例
		小汽车人均拥有量	城市人均小汽车拥有量(欧盟统计局数据)
		出行方式比例	城市内出行方式中步行、自行车、公共交通和小汽车等方式所占的比例
3	开放空间的可达性	建成区域	城市建成区占城市总面积的比例
		人口密度	城市建成区的人口密度
		棕地开发	建设在棕地上的新建建筑占所有新建建筑的比例
4	可持续的土地使用	公共绿地覆盖率	各种城市绿地占城市建成区的面积比例
		公共空间的可达性	居住在距公共活动空间300m以内的人口比例
5	地区小气候	悬浮颗粒物(PM_{10})	这三个指标均以欧盟法案(2008/50/EC)中的限值为标准，分别考虑悬浮颗粒物(PM_{10})、二氧化氮(NO_2)，以及臭氧(O_3)含量超过标准的总天数和年平均值，且分别考虑交通区和城市背景区两组数据
		二氧化氮(NO_2)	
		臭氧(O_3)	
6	噪声管理	道路噪声影响人群	暴露在道路噪声(包括全天平均能量噪声>55dB和夜间平均噪声>50dB两种情况)中的人群比例
		降低噪声排放的政策	城市对减少噪声影响的相关政策
7	固体废弃物	家庭废弃物量	人均产生的家庭废弃物量及最近5年的变化量趋势
		家庭废弃物处理	包括回收利用、焚烧产能和填埋三种方式处理的废弃物比例
8	水的使用	家庭用水测量	使用水表进行用水测度的家庭比例
		家庭用水量	家庭平均用水量数据及10年间的家庭平均用水量变化趋势
		管道漏水率	市政管道的漏水率
9	废水处理	雨水处理系统	考虑雨水处理比例及独立雨水处理系统的比例
		废水处理率	废水处理中氮、磷的处理率
10	环境管理	环境管理体系	城市的环境管理体系和内容的评估
		绿色公共采购	绿色公共采购[①](GPP)的比例，包括纸张、食物、汽车和用电四项
		公共建筑能源效率及管理	单位面积的能耗，包括供暖能耗和用电量

数据来源：Berrini and Bono，2010

总体而言，相对于传统的欧洲文化之都奖(European Capital of Culture Award)，这个新诞生的欧盟官方称号评选是为了表彰对城市地方政府在城市环境、经济和生活质量方面所做的努力，并促进城市之间绿色发展的有益竞争和优秀实践项目的交流。

---

① 指符合欧盟标准的生态标签产品、有机产品和节能产品。

（4）美国可持续发展指标体系

美国可持续发展指标体系由美国总统可持续发展理事会于 1996 年创建，由十大目标组成：健康与环境、经济繁荣、平等、保护自然、资源管理、持续发展的社会、公众参与、人口、国际职责、教育，共计 10 个类别的 11 个指标（表 2-8）。

表 2-8　美国可持续发展指标体系生态类指标分解（徐娟，2005）

指标名称	涵盖类别	涉及生态系统类目标	指标
美国可持续发展指标体系（美国总统可持续发展理事会）	健康与环境 经济繁荣 平等 保护自然 资源管理 持续发展的社会 公众参与 人口 国际职责 教育	健康与环境目标	空气质量达标程度 饮用水达标程度 有害物质处理率
		保护自然	森林覆盖率 土壤干燥度 水土流失率 污染处理率 温室气体控制度
		资源管理	资源重复利用率 单位产品能耗 海洋资源再生率

（5）美国可持续西雅图评价指标体系

西雅图在 1991 年由 150 多名西雅图市民自发组成的工作小组"可持续西雅图"成立，该小组的主要工作目标就是建立一套用以衡量可持续发展的指标体系。"可持续西雅图"的指标体系可分为环境、人口与资源、经济、青少年教育、健康与社区五大类，每一类中又包括具体的指标（表 2-9）。

表 2-9　美国可持续西雅图评价指标体系生态类指标分解

指标名称	涵盖类别	涉及环境和资源方面	指标
美国可持续西雅图评价指标体系（"可持续西雅图"小组）	环境 人口与资源 经济 青少年教育 健康与社区	环境	野生鲑数量 生态健康 土壤腐蚀 年空气质量良好的天数
		人口与资源	步行或自行车友好型街道数量 居住社区周边开放空间的数量 地表不透水面积 人均用水量 年人均固体垃圾的产量与循环利用率 污染防治 当地农业产量 人均机动车行驶里程与耗油量 可再生与不可再生的能源消耗
		经济	每 1 美元收入导致的能源消耗

数据来源：于洋，2009

(6)耶鲁大学和哥伦比亚大学环境可持续发展指标体系

2000 年，美国耶鲁大学和哥伦比亚大学合作开发了环境可持续性指标(ESI)，对不同国家的环境状况进行系统化、定量化的比较，包含 5 个组成部分、21 个指标和 64 个变量。2006 年，耶鲁大学和哥伦比亚大学的研究者首次发布了环境绩效指数(EPI)，该指数是在环境可持续性指标(ESI)的基础上发展而来的，分为环境健康、空气质量、水资源、生物多样性和栖息地、生产性自然资源和可持续能源等六大类别中的 25 项指标(表 2-10)。

表 2-10　耶鲁大学和哥伦比亚大学环境可持续发展指标体系生态类指标分解

指标名称	涵盖类别	涉及环境方面	指标大类	指标
环境绩效指数（EPI）（耶鲁大学和哥伦比亚大学合作）	环境健康	环境健康	环境的疾病负担	环境的疾病负担
		水环境对人的影响		饮用水源的获得
				卫生的获得
	空气质量	空气环境对人的影响		城市颗粒物含量
				室内空气污染程度
		生态系统活力	空气环境对生态系统的影响	二氧化硫排放量
				氮氧化物排放量
				挥发性有机化合物的排放量
				臭氧超标程度
	水资源	水环境对生态系统的影响		水质指数
				水质威胁程度
				水资源短缺指数
	生物多样性和栖息地 生产性自然资源 可持续能源		生物多样性和生境	生物群落保护
				重要栖息地保护
				海洋保护区
			森林	木材积累量
				森林覆盖率
			渔业	海洋营养指数
				拖网捕鱼强度
			农业	农药使用量
				农业用水强度
				农业补贴
			气候变化	温室气体人均排放量
				电力碳强度
				工业碳强度

数据来源：北京师范大学等，2011；Yale Center for Environmental Law and Policy，2010

(7)加拿大国家环境与经济圆桌会议(NRTEE)可持续发展指标体系

加拿大国家环境与经济圆桌会议(NRTEE)的可持续发展监测课题组设计了一种新的、系统的方法和模型来建立指标体系。NRTEE的指标体系强调评估4个方面的问题：生态系统的状况和完整性，广义上的人类福利和自然、社会、文化与经济等属性的评价，人类和生态系统间的相互作用，以及以上三方面的整合及其相互间的关联。生态系统的评价用、水、空气、土地生物多样性、资源利用等5个方面的指标。但是人类社会指标和生态系统指标之间的关系指标较少，导致指标体系庞大，仅生态系统方面的指标就有245个，对于生态监测水平较低的地区，数据来源将是最大的困难(表2-11)。

表2-11 加拿大NRTEE可持续发展指标体系生态类指标分解(李利锋和郑度，2002；徐娟，2005)

指标名称	涵盖类别	涉及领域	指标
加拿大NRTEE可持续发展指标体系	空气	空气质量	地面臭氧量
	水	淡水质量	饮用水
			水生生物栖息地
			娱乐和农业用水
	土地	温室气体	CO_2排放总量
	生物多样性	森林	森林覆盖率变化
	资源利用	湿地	自然湿地覆盖率变化

(8)欧盟生态城市目标体系

欧盟在2002年开始实施"生态城市(ECOCITY)"项目，重点关注可持续的交通系统以及城市发展模式，寻找适合生态环境需求的最佳规划策略。生态城市项目总体目标是在生态友好的交通系统下，发展可持续的生活模式，主要包括五个方面：区域与城市共脉、城市结构、交通、物资与能源、社会经济(表2-12)。

(9)德国建造规划的环境统计指标体系

德国环境统计的法律依据是《环境统计法》，所有环境统计调查都紧紧围绕该法进行。德国的环境统计指标体系框架是以欧盟环境指标为基础的(表2-13)。环境统计调查范围包括以下4个领域：固体废物、水、大气污染控制和环境经济(主要指环保投资、环保产品和服务等)。

(10)瑞典哈默比新城生态指标体系

哈默比新城在规划和实施阶段针对环境问题都有一整套环境规划程序，有自己的生态循环处理系统来考察管理物质和能量流。在解决生态问题时提出的方案主要

表 2-12　欧盟生态城市目标体系生态类指标分解(任世平，2008)

指标名称	涵盖类别	涉及领域	指标
欧盟生态城市目标体系	区域与城市文脉城市结构	区域与城市文脉：自然环境、建成环境城市结构：土地需求与使用、公共空间、景观与绿地、城市舒适度、建筑	自然要素景观土地再开发利用基础设施用地平衡土地的混合使用景观绿地系统的使用效率
	交通	交通：公共交通、私人机动化交通、货物交通	公共交通为导向的城市结构步行与自行车交通的优先私人机动化交通工具的功率与速度
	物资与能源	物资与能源：能量、水、废弃物、建筑材料	可再生能源的利用率自然水系统循环的干扰供水与排污系统最小化噪声与污染建筑全生命周期的资源节约垃圾废弃物的处理建筑材料的循环利用
	社会经济	社会经济：合理利用劳动力资源、提高就业社会	城市居民就业率

表 2-13　德国建造规划的环境统计指标体系生态类指标分解(陈默，2005)

指标名称	涵盖类别	生态环境调查类别	调查名称
德国的环境统计指标体系（德国《环境统计法》）	固体废弃物	废物管理	垃圾处理行业的废物管理调查企业内部废物管理由公共垃圾回收站收集的住户垃圾、住户类型的工业垃圾及其他废物收集的调查公共垃圾回收站以外的单位收集的垃圾对废物所需的专门监测和垃圾越界运输的二次开发资料所作的评估对建筑废料、施工点垃圾、由于开凿地面毁坏公路产生的碎片的处理和回收利用的调查公共建设活动中建筑废料利用的调查费油、废玻璃、废纸的回收利用调查塑料的回收利用及其制品的调查销售用包装物和运输包装物收集的调查
	水	水管理	公共用水供应调查公共污水处理调查住户自己拥有的水供应和污水处理设施调查采矿、开采和制造业水的供应和污水处理调查农业用水的供应和污水处理调查为公共提供能源的热电厂的水供应和污水处理调查水污染事故的处理处置调查处理水污染企业的调查
	大气污染控制	大气污染控制	大气污染调查对破坏臭氧层和影响气候变化的大气污染物的调查
	环境经济	环境经济	环保投资环保产品和服务

在土地利用、能源、水、垃圾、交通运输和建筑材料等几方面体现。哈默比新城生态指标体系涵盖了环境友好能源系统、雨水收集与污水处理再利用系统、垃圾分类与再利用系统(表2-14)。

表2-14　瑞典哈默比新城生态指标体系生态类指标分解

指标名称	涵盖类别	涉及领域	指标
哈默比新城 生态指标体系	环境友好能源系统	能源	风能、水能、太阳能等新能源的使用
			建筑节能最小化
			建筑屋顶绿化
	雨水收集与污水处理再利用系统	雨水收集与污水处理再利用	污水的分解量
			雨水的回收利用
	垃圾分类与再利用系统	垃圾分类与再利用	垃圾回收利用系统
			垃圾和生活废水的能源转化

数据来源：GlashusEtt，2007

(11)苏格兰可持续发展指标

苏格兰从经济、生态、社会政治的角度出发，建立了"苏格兰可持续发展指标"(SISD)。经济指标表明经济活动正在消耗或增加着多少自然资本存量；生态指标作为生命延续基础代表了分级的依据；可持续经济福利指数(ISEW)指标则表明经济与生态同可持续发展的关系(表2-15)。

表2-15　苏格兰可持续发展指标体系生态类指标分解(张坤民和温宗国，2001)

指标名称	指数	指数名称	指数涵义
苏格兰可持续发展指标	AEANNP	环境近似调整后的国民生产净值	总资本(人造资本+自然资本)存量−当年付出的环境补偿量。旨在考虑环境损失对原国民收入额进行修正
	PAM	弱可持续性测量法	$Z = S/Y - \delta M/Y - \delta N/Y$ Z=可持续指数；S=国内总储蓄；Y=国内总收入；δM=人造资产贬值量；δN=自然资产贬值量
	NPP/K	净初级生产力与承载力	NPP=生物固化下来的全部能量−初级生产者呼吸作用所耗的能量；K=测量环境中可再生资源的总量
	EF/ACC	适当的承载力与生态立足域	为使给定数量人口达到平均单位个体消费量水平所需要的总土地面积
	ISEW	可持续经济福利指数	ISEW=个人消费+非防护性支出−防护支出+资产构成−环境损害费用−自然资产折旧

(12)英国可持续发展指标

英国政府于1994年发布了该国的可持续发展战略，建立了可持续发展指标体系。2007 年，英国政府更新了可持续发展指标。这些指标一共有 68 个，分别属于四大类：可持续的生产和消费、气候转变和能源、自然资源和环境保护、可持续发展的社区与世界平等。这些指标的内容包括：二氧化碳排放，电能(包括可再生能源)，资源使用(能源供给与水资源)，垃圾，自然资源(生物多样化、农业、畜牧业、土地使用、生态、河流)，社会经济(经济增长、生产率、人口)，社会指标(社区参与程度、犯罪率)，就业和贫穷，教育，医疗健康，交通，社会公正与环境公平，社会财富等(表 2-16)。

表 2-16 英国可持续发展指标体系生态类指标分解(邓昭华，2007)

指标名称	涵盖类别	涉及领域	指标
英国可持续发展指标体系(英国政府)	可持续的生产和消费 气候转变和能源 自然资源和环境保护 可持续发展的社区与世界平等	碳排放	二氧化碳排放
		电能	可再生能源使用
		资源使用	能源供给
			水资源
			垃圾处理
		自然资源	生物多样化
			农业
			畜牧业
			土地使用
			生态
			河流
		社会经济	经济增长
			生产率
			人口
		社会指标	社区参与程度
			犯罪率

我国在可持续发展指标体系研究方面十分活跃，目前已建立并正式提出的指标体系已逾几十种，这里仅对一些有代表性的研究成果加以研究。

2. 国内生态城市评价指标体系

(1)国家环境保护总局《国家环保模范城市指标体系》

国家环境保护总局于 2006 年颁布了《"十一五"国家环境保护模范城市考核及其实施细则》。从经济社会、环境质量、环境建设、环境管理 4 个方面提出 30 个指标，对 43 个中国环保模范城市做出考量(表 2-17)。

表2-17　国家环境保护总局《国家环保模范城市指标体系》生态类指标分解

指标名称	涵盖类别	涉及环境类领域	指标
"十一五"国家环境保护模范城市考核指标（国家环境保护总局）	经济社会	经济社会	单位GDP能耗<全国平均水平，且近三年逐年下降
			单位GDP用水量<全国平均水平，且近三年逐年下降
			万元GDP主要工业污染物排放强度<全国平均水平，且近三年逐年下降
	环境质量	环境质量	全年空气污染指数（API）≤100的天数
			集中式饮用水水源地水质达标率
			城市水环境功能区水质达标率
			区域环境噪声平均值≤60dB
			交通干线噪声平均值≤70dB
	环境建设	环境建设	受保护地面积占国土面积比例
			建成区绿化覆盖率
			城市生活污水集中处理率
			重点工业企业污染物排放稳定达标率
			工业企业污染物排放口自动监控率
			工业企业排污申报登记执行率
			城市清洁能源使用率
			城市集中供热普及率
			机动车环保定期检测率
			生活垃圾无害化处理率
			工业固体废物处置利用率
			危险废物处置率
	环境管理	环境管理	建设项目环评执行率
			公众对城市环境保护的满意率
			中小学环境教育普及率

数据来源：国家环境保护部，2008

(2)中国科学院《可持续发展指标体系》

中国科学院可持续发展战略研究组按照系统理论和方法，设计了一套"五级叠加，逐层收敛，规范权重，统一排序"的可持续发展指标体系。该指标体系分为总体层、系统层、状态层、变量层和要素层5个等级，其中系统层包括生存支持系统、发展支持系统、环境支持系统、社会支持系统和智力支持系统，状态层可以从不同的角度表现系统行为的静态或动态特征。该指标体系包含48个指数，共208项要素，庞大的体系使其在实际应用上受到限制(表2-18)。

(3)中国城市科学研究会《生态城市指标》

中国城市科学研究会对生态城市进行概念界定，依据城市生态环境综合平衡制约下的城市发展模式，构建生态城市指标体系，涉及生态环境健康、经济持续发展和社会和谐进步三个维度，包含 32 项指标（表 2-19）。

表 2-18　中国科学院《可持续发展指标体系》生态类指标分解

（中国科学院可持续发展战略研究组，2007）

指标名称	涵盖类别	涉及环境类领域	指标
可持续发展指标体系 （中国科学院）	生存支持 发展支持 环境支持 社会支持 智力支持	生存资源禀赋	土地资源指数
			水资源指数
			水土匹配指数
			气候资源指数
			生物资源指数
		资源转化效率	生物转化效率指数
			经济转化效率指数
		区域环境水平	排放强度指数
			大气污染指数
		区域生态水平	生态脆弱指数
			气候变异指数
			土壤腐蚀指数

表 2-19　中国城市科学研究会《生态城市指标》生态类指标分解（谢鹏飞等，2010）

指标名称	涵盖类别	涉及环境类领域	指标
生态城市指标体系 （中国城市科学研究会）	生态环境健康 经济持续发展 社会和谐进步	环境质量良好	森林覆盖率
			人均公园绿地面积
			城市空气质量好于或等于二级标准的天数
			人均 CO_2 排放量
			城市水功能区水质达标率
			单位 GDP 废水排放量
			单位 GDP 大气污染物排放量
			单位 GDP 工业固体废弃物排放量
			噪声达标区覆盖率
		资源合理利用	单位 GDP 用水量
			清洁能源普及率（乡村）
			单位 GDP 能耗
			可再生能源所占比例
			公交分担率
		生态技术使用	城镇生活污水集中处理率
			城镇生活垃圾无害化处理率
			工业固体废弃物综合利用率
			工业废气处理率
			污水再生利用率
			绿色建筑占当年竣工建筑比例

(4)国家生态示范区、生态市、生态县建设指标体系

1995 年以来，全国先后建立了 154 个省、地、县级规模的生态示范区建设试点。国家环境保护总局在国家级生态示范区试点工作中，推出了社会经济发展、区域生态环境保护、农村生态环境保护、城镇环境保护等涉及国计民生多方面的 26 项定量考核指标(表 2-20)。

表 2-20　国家生态示范区、生态市、生态县建设指标体系生态类指标分解(章澄宇，2004)

指标名称	涵盖类别	涉及环境类领域	指标
国家级生态示范区考核指标(国家环境保护总局)	经济发展环境保护社会进步	社会经济发展	城镇单位 GDP 能耗
			环保投资占 GDP 比例
			单位 GDP 耗水
		区域生态环境保护	森林覆盖率、平原绿化、草原超载率
			退化土地治理率
			受保护地区面积
			矿山土地复垦率
		农村生态环境保护	秸秆综合利用率
			畜禽粪便处理(资源化)率
			化肥施用强度
			农林病虫害综合防治率
			农用薄膜回收率
			受保护基本农田面积
		城镇环境保护	城镇大气环境质量
			水环境质量、近岸海域水环境质量
			城镇噪声环境质量
			城镇固体废物处理率
			城镇人均公共绿地面积
			城市污水处理率

(5)科技部《中国可持续发展科技纲要》

2002 年，科技部发布《可持续发展科技纲要》，针对未来 10 年中国可持续发展的需求及面临的重大科技问题，提出了 12 个重点研究领域，即人口数量控制、健康与重大疾病防治、食品安全、水安全保障、油气安全保障、战略矿产资源安全保障、海洋监测与资源开发利用、清洁能源与再生能源、环境污染控制与生态综合治理、

防灾减灾、城市与小城镇建设、全球环境问题(表 2-21)。

表 2-21　科技部《中国可持续发展科技纲要》生态类指标分解(科学技术部，2002)

指标名称	涵盖类别	涉及环境类领域	指标
《可持续发展科技纲要》(科技部)	人口数量控制 健康与重大疾病防治 食品安全 水安全保障 油气安全保障 战略矿产资源安全保障 海洋监测与资源开发利用 清洁能源与再生能源 环境污染控制与生态综合治理 防灾减灾 城市与小城镇建设 全球环境	环境污染控制与生态	环境污染物监测 烟气脱硫 机动车污染 城市污水 城市生活垃圾处理处置及资源化利用 低能耗高性能环境友好材料开发 化工、冶金、轻工等行业清洁生产工艺 生态环境监测研究 水土保持 防沙治沙 受污染土壤修复 脆弱生态地区的综合整治技术及矿山复垦
		清洁能源与可再生能源	煤炭清洁利用 农村小水电利用 农村生物质能利用 沼气利用 太阳能、风能、地热能、潮汐能利用
		全球环境问题	全球气候变化 生物多样性 臭氧层保护

(6)中国社会科学研究院《低碳城市标准体系》

中国社会科学研究院 2011 年公布了评估低碳城市的新标准体系。这是目前为止我国较为完善的低碳城市标准。该标准具体分为低碳生产力、低碳消费、低碳资源和低碳政策等四大类共 12 个相对指标(表 2-22)。

(7)住房和城乡建设部《国家生态园林城市指标体系》

2004 年，住房和城乡建设部公布"国家生态园林城市"试行标准。该标准分为一般性要求和基本指标要求，涵盖城市生态环境、城市生活环境、城市基础设施三方面，共 19 项指标(表 2-23)。

表2-22 中国社会科学研究院《低碳城市标准体系》生态类指标分解(中国社科院，2010)[①]

指标名称	涵盖类别	涉及环境类领域	指标
低碳城市标准 (中国社会科学 研究院)	低碳生产力 低碳消费 低碳资源 低碳政策	低碳生产力	单位经济产出的碳排放指标
			单位经济能耗指标
		低碳消费	人均能源消费
			家庭人均能源消费
		低碳资源	零碳能源在一次能源中所占比例
			森林覆盖率
			单位能源消耗的CO_2排放系数

表2-23 住房和城乡建设部《国家生态园林城市指标体系》生态类指标分解

指标名称	涵盖类别	涉及环境类领域	指标
国家生态园林城市 指标体系 (住房和城乡建设部)	城市生态环境 城市生活环境 城市基础设施	城市生态环境	综合物种指数
			本地植物指数
			建成区道路广场用地中透水面积的比例
			城市热岛效应程度
			建成区绿化覆盖率
			建成区人均公共绿地
			建成区绿地率
		城市生活环境	空气污染指数小于等于100的天数
			城市水环境功能区水质达标率
			城市管网水水质年综合合格率
			环境噪声达标区覆盖率
			公众对城市生态环境的满意度
		城市基础设施	城市基础设施系统完好率
			自来水普及率
			城市污水处理率
			再生水利用率
			生活垃圾无害化处理率
			主次干道平均车速

数据来源：住建部. 国家生态园林城市标准(暂行) http://www.yuanlin.com/rules/Html/Detail/2006-4/977.html

住房和城乡建设部. 《关于印发创建"生态园林城市"实施意见的通知》(建城[2004] 98号). 2004.

---

①《低碳城市标准体系》由中国社会科学院于2010年发表。

（五）指标体系研究的指标分类汇总和特征总结

通过对国内外有影响力的生态指标体系的归纳整理，可以看出各类评价指标体系中对不同的生态要素的侧重点，运用统计学的方法对各类生态指标或可持续指标中的生态环境类指标进行分类统计，找出各要素中不同指标的出现次数，得到相应的分布规律。

能源类生态指标出现频率最高的为可再生能源的利用率，在国内与国外的生态指标体系中均有涉及，不单单因为能源消耗是世界性难题，不同城市之间具有可比性，还因为清洁能源的利用直接决定了城市的碳足迹水平，具有可测度性。此外，能源类指标还关注绿色建筑的节能和城市的供热问题（图2-17）。

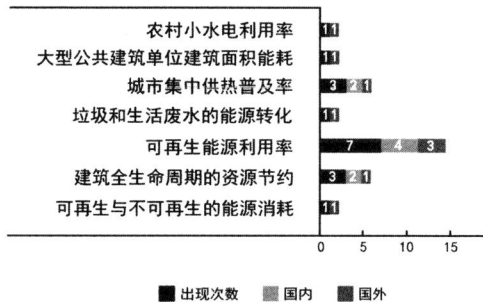

图2-17　能源类生态指标出现频率统计

数据来源：课题组根据统计结果自绘

水资源类指标的关注点集中在水体的水质方面，指标涉及了水体中重金属、悬浮物、化学物质等的含量，通常可以用水环境综合污染指数来表征；此外，对人均用水量指标的关注则体现了人本身的行为方式对生态的作用。生活污水的集中率和再生水的利用率等则体现了在城市基础设施方面需要设定相应的指标（图2-18）。

固体废弃物方面的主要指标集中在城市基础设施的建设上，如对生活垃圾的集中处理及对工业固废的收集和资源化利用，在此方面，集中化和资源化是指标的重要特征（图2-19）。

大气环境方面，空气API指数、温室气体排放量和空气中硫化物的含量是出现最多的指标，表明衡量大气环境的优劣取决于空气中几种重点对人体有害的污染物的监测（如SO_2、氮氧化物、悬浮颗粒物）（图2-20）。

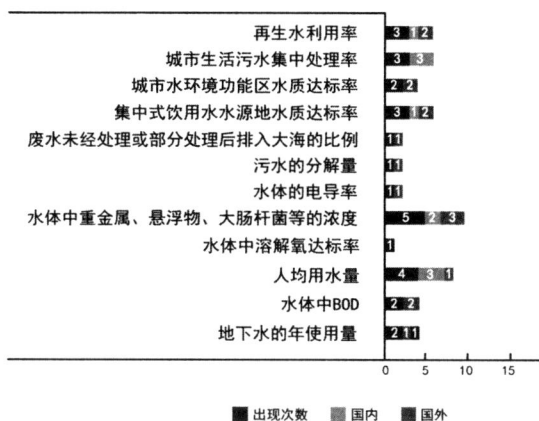

图 2-18　水资源类生态指标出现频率统计
数据来源：课题组根据统计结果自绘

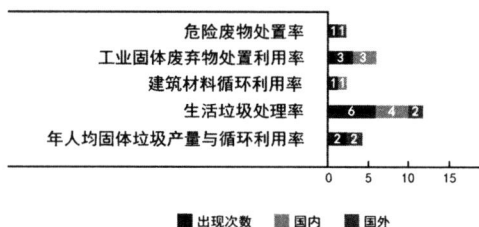

图 2-19　固体废弃物类生态指标出现频率统计
数据来源：课题组根据统计结果自绘

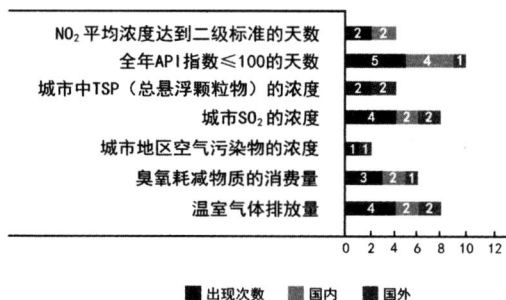

图 2-20　大气环境类生态指标出现频率统计
数据来源：课题组根据统计结果自绘

　　土地使用方面，重要的关注指标是有关建设用地比例和城镇绿地面积两项，反映了首先要减少城市开发对生态本底的破坏；其次森林、湿地、河道等生态载体在很大程度上影响了土地的空间结构(图 2-21)。

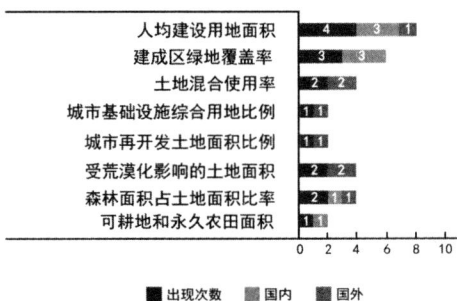

图 2-21　土地使用类生态指标出现频率统计

数据来源：课题组根据统计结果自绘

生物生境方面的重点指标集中在生物多样性及保障生物多样性的硬件环境上，如野生植物的种类、当地特有野生鸟类或鱼类的种类和数量（图 2-22）。

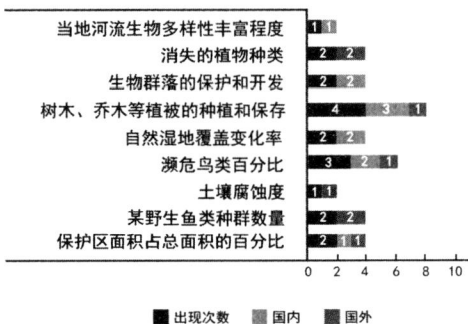

图 2-22　生物生境类生态指标出现频率统计

数据来源：课题组根据统计结果自绘

（六）我国生态文明建设的挑战与潜力

与欧洲生态城市建设相比，我国生态城市建设虽然起步较晚，但建设规模极大、速度极快。根据中国城市科学研究会的调查数据显示，至 2010 年 11 月，中国大陆地区的 287 个地级以上城市中，提出"生态市""生态城市""低碳城市"为发展目标的城市有 276 个，占总调查城市的 96.2%，其中 53% 的城市已经开始进行各种类型和规模的生态城市建设，28% 的城市仍处在生态城市的规划阶段，另有 19% 的城市仅对生态城市提出初步设想。在正在进行建设的生态城市中，天津中新生态城、曹妃甸国际生态城、深圳光明新城都属于生态建设的典型项目。

然而，中国目前众多生态城市建设出现瓶颈，如 2008 年末崇明东滩生态城项目的搁置、廊坊万庄生态城的投资主体转换、曹妃甸国际生态城的经济链断裂等。这些现实矛盾问题都说明了中国城市在大步走向生态城市建设之路上仍存在困难。

我国正处在城镇化发展的关键阶段，选择何种城镇化路径对我国未来发展至关重要。生态文明建设，以把握自然规律、尊重自然为前提，以人与自然、环境与经济、人与社会和谐共生为宗旨，以资源环境承载力为基础，以建立节约环保的空间格局、产业结构、生产方式、生活方式及增强永续发展能力为着眼点，以建设资源节约型、环境友好型社会为本质要求。

我国生态文明建设具有的优势有积极的国家政策带动，传统生态文明基础，以及丰富的类型。

从 20 世纪 90 年代开始，我国从国家层面提出生态文明相关战略的演进。从 1994 年通过《中国 21 世纪议程》，到 1996 年"九五"计划确定可持续发展为国家战略，再到 2003 年提出"科学发展观"，到 2005 年提出"资源节约型、环境友好型社会"，再到 2007 年提出生态文明，2012 年提出"五位一体、美丽中国"和"新型城镇化"发展战略。与国外其他城市建设依靠企业或组织团体推动生态建设相比，我国生态文明建设一直依靠国家政策的支持。

我国城市建设的历史悠久，在建设领域积累了众多传统的以被动式技术为主的生产生活方法，是经历了长期历史检验后仍得以留存的具有深刻性和较强普适性的方法，主要包含传统民居形式和传统生产生活方式两方面：传统民居包括集镇布局选址、建筑群落布局组织及传统单体民居形式的模式语言；传统生产生活按照自然要素分为能源要素、水体要素、物质要素、小气候要素、土地要素及生物要素等。

此外，我国国土辽阔，气候、地形、文化等的多样性决定了生态文明建设的多样化发展。南方地区、北方地区、东部地区、西部地区必须针对不同地域的地理地质状况、气候条件、资源禀赋和历史文化，寻找适合自身发展的不同建设模式。

第三章 我国城镇生态文明建设模式分析

面对我国快速城镇化进程中资源约束趋紧、环境污染严重的严峻形势，必须站在走中国特色社会主义道路和确保中华民族永续发展的高度，增强资源环境危机意识努力做到节约资源、整治污染。因此，对于城镇化发展过程中的交通能耗、建筑能耗、人均居住面积、单位面积建筑能耗、人均用水量、污染物排放量等关键性指标，需要重点关注。通过确定这些指标的合适取值，我国才能够在资源环境约束的现状下探索出一条新型城镇化道路。

城镇化发展模式的设定目的，就是在我国具体国情和资源环境条件的现状约束下，在产业发展、消费引导、基础设施建设、土地利用规划等方面采取合适的规划方案和调控措施，实现城镇化的健康发展。选择合适的城镇化发展模式，是解决城镇化发展中资源环境问题的关键。

通过对我国城镇化发展现状进行调研，归纳出我国城镇化发展的现有情况、资源环境问题及城镇化发展规划疏忽的问题。在此基础上建立城镇化发展系统动力学模型，识别出可能对城镇化进程中资源消耗和环境污染产生明显影响的敏感性指标，利用数学模型和相应算法对指标进行优化取值。本课题根据文献调研得到的国内外城市相应指标的发展水平，结合已算出的指标优化值，并考虑到城镇化未来发展的不确定性，设置了几种典型的城镇化发展情景，对城镇化发展进程中资源、环境影响进行情景分析，从而为我国城镇化发展模式和政策规划提出参考建议。技术路线图如图 3-1 所示。

一、城镇化发展系统动力学模型构建

城市是一个复合系统，各子系统之间通过反馈效应相互促进、相互制约，共同实现城市生态环境的改善和经济的发展。本研究构建的城镇化发展模型中包含资源、环境、经济、社会等四大子系统，城镇化发展整体反馈关系如图 3-2 所示。

经济发展需要物质条件的支撑，因此，必须从资源子系统中获取水、土地和能源。同时，经济发展也需要人的存在，为创造价值，需要从人口子系统中获取劳动力；另外，经济发展的加速也可能造成城市系统的物质自我再生功能下降，资源再

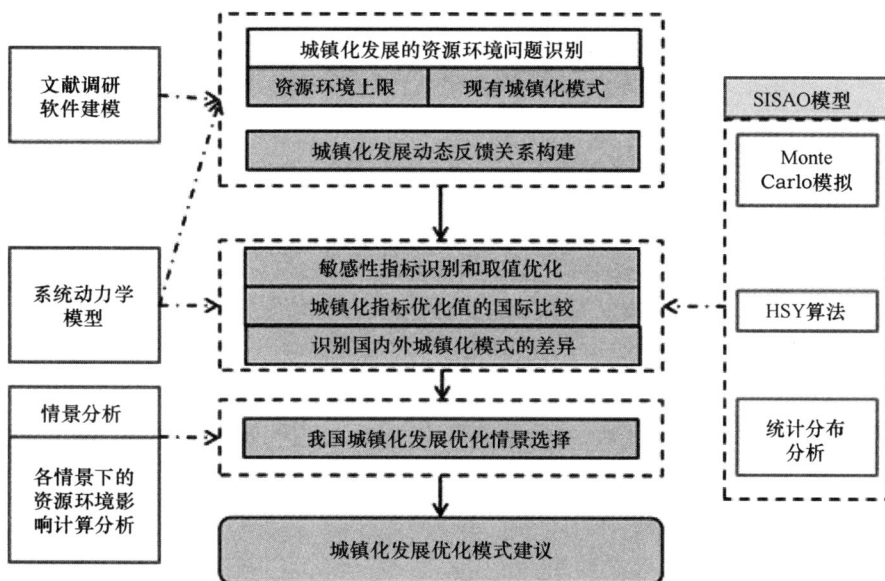

图 3-1　技术路线图

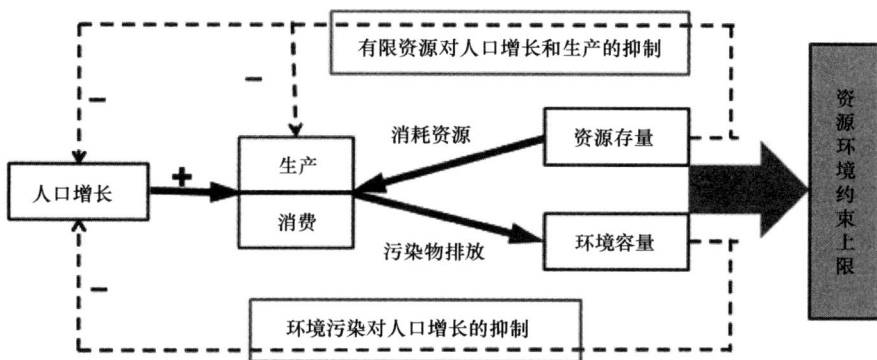

图 3-2　城镇化发展整体反馈关系图

生速度无法跟上资源的消耗速度，有限的剩余资源量将抑制消费，从而抑制人口的增长。生产过程中排放的废水、废气和固体废物，如果不加以治理，也会导致环境污染，抑制人口自然增长率。

人口的增长促进了消费的增多，必然从资源子系统中获取水、土地、能源。同时，消费也会产生生活垃圾、生活污水、交通和建筑废气，从而污染环境。另外，资源的消费和环境污染会降低人口出生率，增加死亡率。

在社会子系统方面，经济发展和人口消费对资源、环境的影响促进了城市污水处理、交通枢纽、供水等基础设施的建设，也会增加基础设施投资。

综合以上分析，城镇化发展中的资源环境、经济、社会子系统之间是互相动态反馈的关系，如何实现各子系统的协调运行，从而共同实现经济、社会和生态环境效益，是目前关注的问题。通过建立城镇化系统动力学模型，分别构建资源、环境、经济、社会子系统内部和相互之间的反馈作用机制，对于系统中各因子之间均建立具体的数学函数关系式，从而实现对城镇化发展系统的定量分析。

二、城镇化发展敏感性指标识别和取值优化

要对城镇化总体规划的资源环境风险进行分析，首先需要获得规划年的城镇化发展关键指标值。然而，由于城镇化发展关键性指标在未来取值的不确定性，规划年的资源环境风险难以预测。针对这一问题，本研究在城镇化发展系统动力学模型的基础上，综合运用蒙特卡罗模拟（Monte Carlo simulation）、HSY 算法（Hornberger、Spear 和 Young 在 1980 年定义的一种在复杂环境模型中考察参数的结构和相互作用的方法）、正态分布分析和情景分析，开发了敏感性指标选择和优化（sensitive index selection and optimization，SISAO）模型，并对我国城镇化发展资源环境指标进行敏感性识别和取值优化。具体步骤如图 3-3 所示。

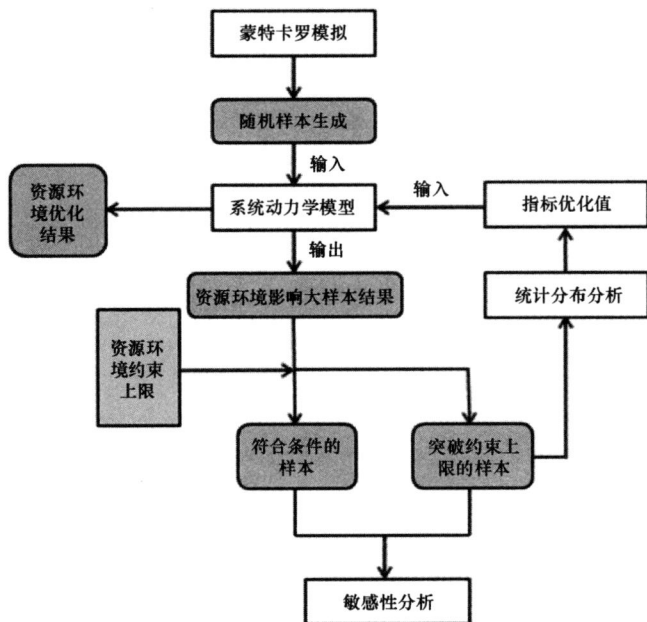

图 3-3　基于蒙特卡罗模拟和 HSY 算法的 SISAO 模型

利用以上方法，本研究对城镇化发展敏感性指标识别和取值优化的结果如表 3-1

所示。

表 3-1 城镇化发展资源环境子系统敏感性指标的优化取值结果

城镇化发展资源环境子系统	敏感性指标	敏感性指标优化值
土地利用	单位工业 GDP 用地率	1.78m²/万元
	新增住宅面积（人均住宅面积）	8 亿 m²/a(23m²/人)
	城镇化率增速/城镇化率	1.1%/2025 年城镇化率 65.9%
能耗消耗	单位工业 GDP 能耗	284kgce/万元
	小汽车分担率	30%
	小汽车能耗因子	0.89MJ/(人·km)
	单位车辆运输周转量能耗	6kgce/(100t·km)
水资源消耗	单位工业 GDP 用水量	15t/万元
	工业用水重复利用率	92%
	人均生活用水量	31t/人
	人均生态用水量	20t/人
大气污染排放	单位工业 GDP 废气产生量	1604m³/万元
水污染排放	单位工业 GDP 废水产生量	2m³/万元

注：kgce 为千克标准煤，下同

根据蒙特卡罗模拟原理和正态分布的 3σ 准则可知，若将指标值控制在特定范围内，无论其他指标在蒙特卡罗采样空间内如何随机变化，污染物排放总量或资源利用量均基本不会突破总量控制上限值(超过最大容许值的概率很小，仅为2.5%)。因此可认为这一取值上限(或下限)为该指标的优化值，并且是最严格的控制标准。

通过将优化值与国内外发达城市的相应指标和已有规划值进行对比，结论如下。

对于土地利用方面，城市人均住宅面积优化值很多已大大超过已有规划值，只有美国、欧洲国家水平的 25%～50%。因此，已有规划中对人均住宅面积的设置较为合理，无须进行调整。人均住宅面积的取值应该有别于美国、日本、韩国和欧洲地区等发达国家；单位工业 GDP 用地率优化值在已有规划值的基础上下降30%，与发达国家、国内城市先进水平基本相等。因此，我国对单位工业 GDP 用地率的设定标准应该参考国内外发达城市水平，加大对单位工业 GDP 用地率的控制力度。

在水资源消耗方面，城市人均生活用水量优化值仅为已有规划值的 60%、美国的 15%、欧洲国家的 30%、日本的 15%。因此，我国应该对人均生活用水量采取比已有规划更为严格的控制措施，不能参照美国、日本、韩国和欧洲地区国家的人均生活用水标准；单位工业 GDP 用水量优化值在已有规划值的基础上下降 40%，与发达国家、国内城市先进水平基本一致。因此，我国应该学习国内外发达城市，设置比已有规划更为严格的单位工业 GDP 用水量标准；工业用水重复利用率优化值与已有规划基本相同，高于国内外发达城市水平。因此，我国已有规划对工业用水重复利用率的设置较为合理，不能仅参考美国、欧洲地区发达国家水平，否则无法缓解水资源危机。

在能源消耗方面，我国城市单位工业 GDP 能耗优化值，为发达国家水平的 3 倍。这表明我国工业用能效率尚与发达国家水平存在较大差距；单位车辆运输周转量能耗优化值在已有规划值的基础上下降 19%，因此已有规划对交通能耗的控制力度还需加强。

在环境污染物排放方面，我国城市单位工业 GDP 废气产生量优化值与发达国家水平基本相等，仅为国内城市先进水平的一半。因此，我国发达城市目前的单位工业 GDP 废气产生量水平仍不足以缓解大气环境污染现状，应该参考美国、日本、韩国和欧洲地区等发达国家的工业废气排放强度标准；单位工业 GDP 废水产生量优化值比现状值下降 65%，比发达国家的单位工业 GDP 废水产生量高出 40%。因此，我国发达城市目前的单位工业 GDP 废水产生量仍不足以缓解水环境污染现状，应该参考美国、日本、韩国和欧洲地区等发达国家的工业废水排放强度标准。

三、城镇化发展情景分析和模式优化

(一)城镇化发展情景设置

通过对城镇化发展敏感性指标进行识别及取值优化可知，这些指标的优化取值对于减少资源消耗量和污染物排放量的作用明显，是资源环境敏感性指标。由于资源环境对经济发展的限制作用是城镇化进程中面临的主要问题，因此，这些敏感性指标能够表征城镇化发展路径。

然而，由于国内外城市的资源环境本底条件不同，社会经济发展情况也不同，因此，各自的城镇化发展路径差别较大。通过分别从土地利用、水资源消耗、能源消耗、环境污染排放等方面筛选出有代表性的城镇化发展敏感性指标，分析比较这些指标在国内外城市所处的不同水平，能够对国内外城市的城镇化发展路径进行分类，并判断我国目前城镇化发展在世界处于何种水平。同时可以将敏感性指标的取值差异作为城镇化发展模式的情景设置依据，根据我国和其他国家的城镇化发展路径的差异，设置不同的城镇化发展情景。

具体情景设置见表3-2和表3-3。

表3-2 资源子系统的情景设置

土地利用	情景设置	情景代码
基准情景(BAU)	新增住宅面积、单位工业GDP用地率、小汽车道路分担率均保持现状	LU-BAU
实施已有规划情景	单位工业GDP用地率下降30%	LU-PLANI
参照美国模式	参照美国人均住宅面积67m^2/人	LU-USL
参照欧洲模式	参照欧洲人均住宅面积40m^2/人	LU-EUL
参照日本、韩国模式	参照日本、韩国人均住宅面积19.6m^2/人 参照日本、韩国单位工业GDP用地率0.527m^2/万元(现状值的1/8)	LU-JL LU-JI
参照国内城市先进水平	参照广州单位工业GDP用地率1.18m^2/万元	LU-CI
根据优化值拟定政策措施	根据前文得出的新增住宅面积(8亿m^2/a)和单位工业GDP用地率(1.78m^2/万元)的优化值,拟定政策	控制新增住宅面积(LU-NLP) 提高土地利用效率(LU-IP) 控制小汽车分担率(LU-CP) 综合政策(LU-CM)

水资源消耗	情景设置	情景代码
基准情景(BAU)	人均生活用水量、人均生态用水量、单位工业GDP用水量、工业用水重复利用率均保持现状	WU-BAU
实施已有规划情景	人均生活用水量155L/d、单位工业GDP用水量到2015年下降30%、工业用水重复利用率到2015年提高到90%	WU-PLAN
参照美国水平	参照美国人均生活用水量209.875t/人 参照美国单位工业GDP用水量(16t/万元)和工业用水重复利用率(85%)	WU-USL WU-USI
参照欧洲国家水平	参照英国人均生活用水量101.47t/人	WU-EUL
参照日韩模式	参照日本、韩国人均生活用水量114.61t/人	WU-JL
参照国内城市先进水平	参照北京单位工业GDP用水量(16t/万元)和广州工业用水重复利用率(86.2%)	WU-CI
根据优化值拟定政策措施	根据前文得出的人均生活用水量(31t/人)、人均生态用水量(20t/人)、单位工业GDP用水量(15t/万元)和工业用水重复利用率(92%)的优化值,拟定政策	节约人均生活用水(WU-LP) 提高工业用水效率(WU-IP) 综合政策(WU-CM)

能源消耗	情景设置	情景代码
基准情景(BAU)	单位工业GDP能耗、单位建筑面积能耗、单位车辆运输周转量能耗均保持现状	EU-BAU
实施已有规划情景	单位工业GDP能耗到2015年下降16%、公共交通分担率提高到40%、单位车辆运输周转量能耗到2015年下降5%	EU-PLAN
参照美国水平	参照美国单位工业GDP能耗136.345kgce/万元 参照美国单位建筑面积能耗50.75kgce/m^2	EU-USI EU-USB
参照欧洲国家水平	参照英国单位工业GDP能耗	EU-EUI
参照日本、韩国模式	参照日本、韩国单位工业GDP能耗116.86kgce/万元	EU-JI
参照国内城市先进水平	参照深圳单位工业GDP能耗451.1kgce/万元	EU-CI
根据优化值拟定政策措施	根据前文得出的单位工业GDP能耗(284kgce/万元)、小汽车分担率(30%)、小汽车能耗因子[0.89MJ/(人·km)]的优化值,拟定政策	控制交通能耗(EU-TP) 降低单位工业GDP能耗(EU-IP) 综合政策(EU-CM)

表3-3 环境子系统的情景设置

大气污染物排放	情景设置	情景代码
基准情景（BAU）	单位工业GDP废气产生量、单位车辆运输周转量废气排放量、工业废气治理率均保持现状	AE-BAU
参照欧洲国家水平	参照欧洲单位工业GDP废气产生量1053m³/万元	AE-EUI
参照国内城市先进水平	参照深圳单位工业GDP废气产生量3990m³/万元	AE-CI
根据优化值拟定政策措施	根据前文得出的单位工业GDP废气产生量（1604m³/万元）、单位运输周转量废气排放量[5.0332m³/（万tkm）]、工业废气治理率（98.04%）的优化值，拟定政策	降低工业废气排放强度（AE-IP） 降低交通废气排放强度（AE-TP） 综合政策（AE-CM）

水污染物排放	情景设置	情景代码
基准情景（BAU）	单位工业GDP废水产生量、工业废水达标排放率均保持现状	WE-BAU
参照美国水平	参照美国单位工业GDP废水产生量和工业废水达标排放率	WE-DI
参照欧洲国家水平	参照工业GDP废水产生量1.621t/万元	WE-DI
参照日本、韩国模式	参照日本、韩国单位工业GDP废水产生量和工业废水达标排放率	WE-DI
参照国内城市先进水平	参照深圳单位工业GDP废水产生量（2.2288t/万元），参照北京、上海的工业废水达标排放率（98.75%）	WE-DI
根据优化值拟定政策措施	根据前文得出的单位工业GDP废水产生量（2t/万元）和工业废水达标排放率（99.09%）的优化值，拟定政策	参照国内城市先进水平（WE-CI） 降低工业废水排放强度（WE-IP）

（二）城镇化发展情景分析

为比较和筛选城镇化发展的优化情景，首先分析基准情景和国家当前规划目标情景，以判断按当前模式延续或按国家当前的规划目标值发展是否为城镇化可持续发展模式。

城镇化发展系统动力学模型运行结果及分析如下。

基准情景运行结果表明，如果我国按当前模式延续，依旧保持靠土地财政和房地产驱动，不优化产业结构并提高产业对资源的优化利用和聚集作用，只注重大城市的发展，不完善基础设施建设，用地、能耗、用水、大气环境污染和水环境污染的相应指标均保持现状，则城市发展是不可持续的，很快就会出现资源枯竭及环境恶化的现象。

国家当前规划目标情景运行结果表明，如果我国按国家当前发布的规划目标值发展，对建设用地的规划、产业结构调整、不同城镇相互协调、基础设施建设和完善等方面均有一定程度的加强，用地、能耗、用水、大气环境污染和水环境污染的相应指标采取目前已有规划目标，则城市发展对资源消耗和环境污染虽然比基准情景有所降低，能在近几年内暂时缓解资源紧张的现状，但是仍为不可持续发展。

由以上结果分析可知，若我国城市按当前模式延续，或采用国家目前已有的规划目标值，资源消耗和环境污染量均会在未来某些年份突破约束上限值。因此，有必要运用情景分析法，计算不同情景下的资源消耗量和环境污染情况，选出不会突破资源环境约束上限的城镇化发展情景。情景分析结果具体如下。

(1)土地利用

模型计算得出的不同情景下用地总量变化趋势如图 3-4 所示。在基准情景下，用地总量迅速增长，在2025～2030 年将会突破土地利用约束上限值。说明我国按现状对土地的粗放利用模式发展、不加控制，是不可持续的城镇化发展模式。而在实施已有规划的发展情景下，对土地资源的消耗可以得到一定控制，能够在一定程度上缓解土地资源短缺的现状。

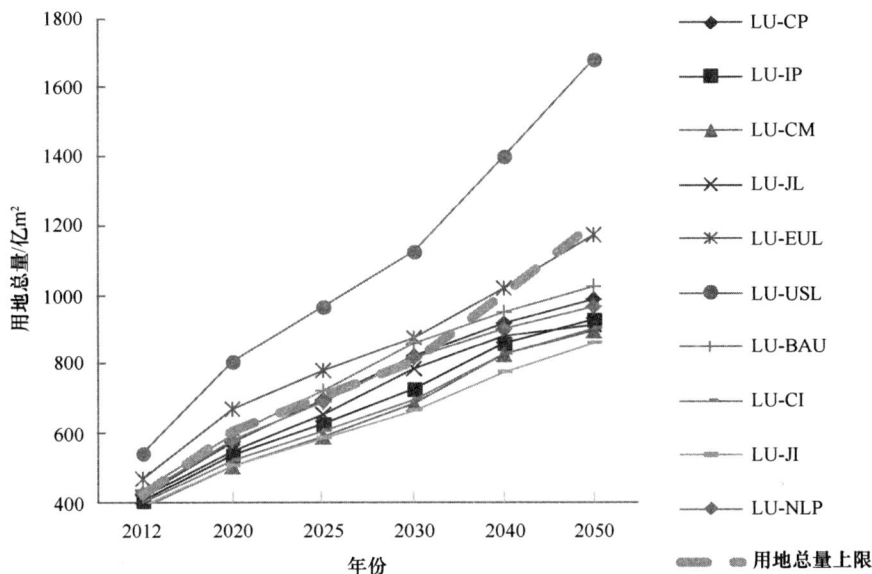

图 3-4　土地子系统不同发展模式的用地总量

LU-BAU 为基准情景，LU-USL 为参照美国人均住宅面积情景，LU-EUL 为参照欧洲人均住宅面积情景，LU-JL 为参照日本、韩国人均住宅面积情景，LU-JI 为参照日本、韩国单位工业 GDP 用地率情景，LU-CI 为参照国内城市先进水平情景，LU-NLP 为控制新增住宅面积政策情景，LU-IP 为提高土地利用效率政策情景，LU-CP 为控制小汽车分担率政策情景，LU-CM 为综合政策情景

在参照美国住宅水平的发展情景下，用地总量将会突破土地利用上限值；参照欧洲住宅水平的发展情景与参照美国的情景类似，均为追求空间舒适度的住宅方式，最终导致城市的土地资源供给量难以满足用地需求。因此，美国、欧洲地区的人均居住用地面积指标太高，不符合中国国情，不应作为规划的依据。然而，在参照日本、韩国住宅水平的发展情景下，即使不提高工业用地效率，用地总量也不会突破土地资源约束的上限，2031 年用地总量比基准情景将降低 23%。以上分析结果反映出日本、韩国的集约型住宅模式和集约型工业用地模式在应对资源短缺问题时具备较大的优势。

如图 3-5 所示，基准情景下的用地总量持续增长。然而，在所有城市均达到国内工业用地效率先进水平的情景下，城市之间的差距缩小，单位工业 GDP 用地率整体下降，用地总量与基准情景相比实现明显减少，且完全不会突破土地资源约束上限。以上分析结果反映出缩小城市之间的差距、提高我国城市在土地利用效率方面的整体水平，对促进大中小城市协调发展具有重要作用。

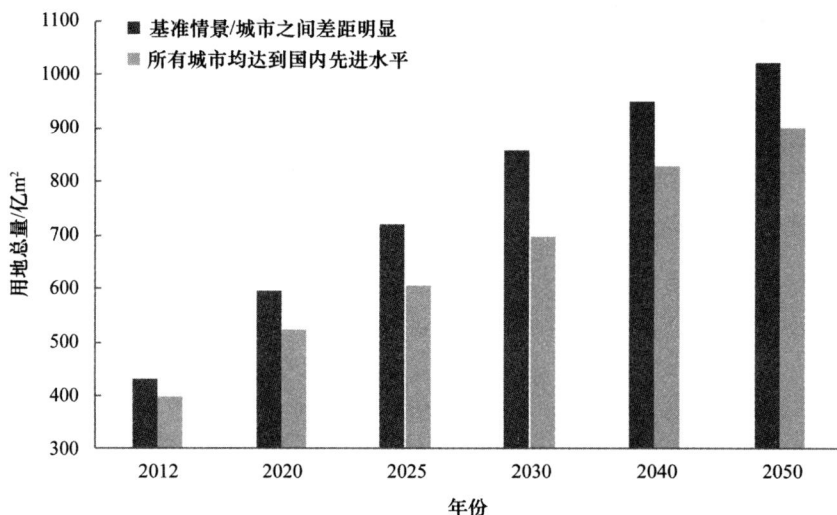

图 3-5　所有城市均参照国内先进水平前后的用地总量差异

图 3-6 表明，以不突破土地资源约束上限为标准，筛选出的各优化情景用地总量的下降幅度，反映各优化情景对用地总量的控制力度和优化程度。可以看出，在 2012～2050 年，如果参照日本、韩国工业用地效率，用地总量下降幅度最大，且最大下降幅度高达 22.8%，因此，参照日本、韩国的集约型工业用地模式为最优化的土地利用控制措施。

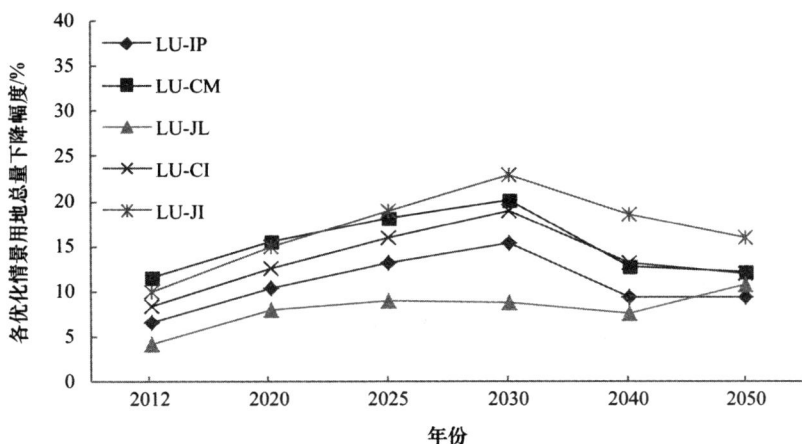

图 3-6 各优化情景的用地总量下降幅度对比

LU-JL 为参照日本、韩国人均住宅面积情景，LU-JI 为参照日本、韩国工业用地情景，LU-CI 为参照国内城市先进水平情景，LU-IP 为提高土地利用效率政策情景，LU-CM 为综合政策情景

由图 3-7 可知，如果我国城市将人均住宅建筑面积提高到美国水平，对土地资源的占用将会超过用地总量的约束上限。这是由于参照美国的人均住宅建筑面积，需要大幅度提高现有的住宅建筑面积，意味着对土地资源的大面积开发和"疯狂造楼"，将会有更多的农业用地或耕地转变为城市建设用地，导致土地城镇化速度快于人口城镇化。同样，降低单位工业 GDP 用地率，也可使土地资源消耗量明显减少，将不会突破用地总量的约束上限。2050 年的用地总量与住宅建筑面积剧增情景相

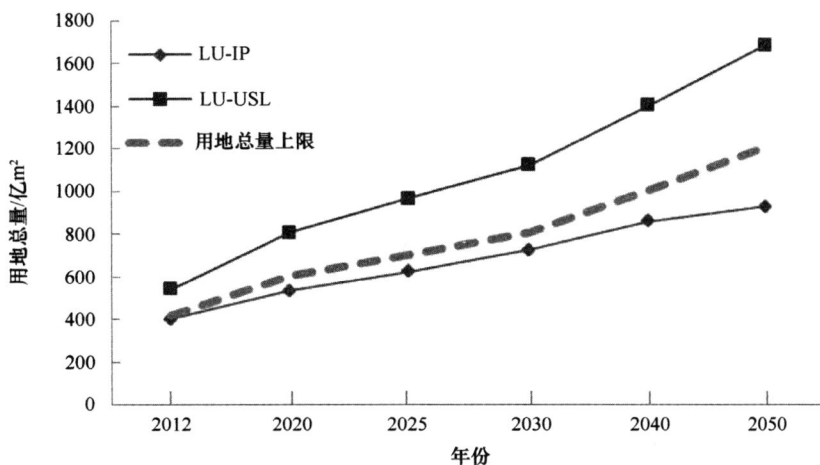

图 3-7 住宅建筑剧增与工业用地效率提高情景的用地总量对比

LU-IP 为提高土地利用效率政策情景，LU-USL 为参照美国人均住宅面积情景

比，下降了 67%。通过以上分析可知，合理的工业用地效率和服务业的发展，能够在很大程度上降低工业对土地的消耗，缓解由于大规模开发建设用地造成的用地紧缺问题。

（2）水资源消耗

模型计算得出的不同情景下用水总量变化趋势如图 3-8 所示。在基准情景下，用水总量迅速增长，在 2012～2050 年将会突破水资源利用的约束上限。说明按现有的水资源利用模式发展、不加控制，是不可持续的城镇化发展模式。在实施已有规划的发展情景中，用水总量在 2017～2039 年将会突破水资源利用的约束上限，说明我国已有的水资源利用规划对于缓解水资源短缺的压力作用不大，应作进一步调整和优化。

不同发展模式的用水总量对比如图 3-8 所示。在参照美国人均生活用水量的发展情景下，用水总量在 2012～2050 年会突破水资源利用上限；参照欧洲国家人均生活用水量的发展情景与参照美国类似，均为追求生活舒适度的资源高消费水平。因此，我国不能参照这种水资源高消费模式。在参照日本、韩国人均生活用水量的发展情景下，用水总量仍会突破水资源利用的约束上限。反映出仅效仿日本、韩国的生活用水节约模式，对于缓解水资源短缺压力的局限性。然而，在

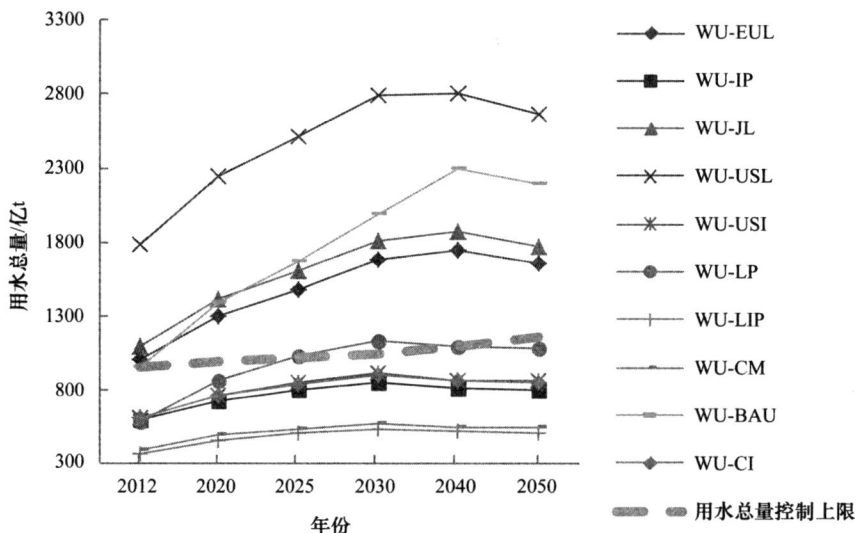

图 3-8　用水子系统不同发展模式的用水总量

WU-BAU 为基准情景，WU-USL 为参照美国人均用水情景，WU-USI 为参照美国单位工业 GDP 用水情景，WU-EUL 为参照英国人均用水情景，WU-JL 为参照日本、韩国人均用水情景，WU-CI 为参照国内城市先进水平情景，WU-IP 为提高工业用水效率政策情景，WU-LP 为节约人均生活用水政策情景，WU-CM 为综合政策情景

参照美国单位工业 GDP 用水量的发展情景下，即使保持现有的人均生活用水量和生态用水量水平，不进行优化，用水总量在 2012～2050 年也不会突破水资源利用的约束上限。反映出改进技术、提高工业部门的用水效率在解决水资源短缺问题上具有的巨大优势。

参照国内发达城市工业用水效率的情景如图 3-9 所示。将单位工业 GDP 用水量降低至北京水平，同时将工业用水重复利用率提高至广州水平，用水总量在 2012～2050 年均不会突破水资源约束上限，说明缩小国内不同城市在工业用水效率方面的差距，可以明显缓解水资源短缺的现状。

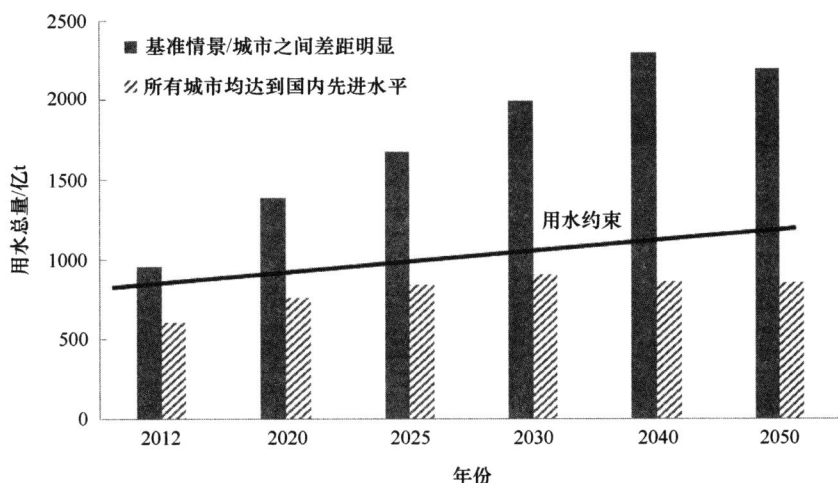

图 3-9 所有城市均参照国内先进水平前后的用水总量差异

图 3-10 表示了以不突破水资源约束上限为标准筛选出各优化情景用水总量的下降幅度，反映各优化情景对水资源利用的控制力度和优化程度。可以看出，在 2012～2050 年，若根据前文计算的优化值制定相应政策措施，提高工业部门的用水效率，同时控制人均生活用水量，保持人均生态用水量现状，用水总量下降幅度最大，因此为最优化的水资源控制措施。

图 3-11 显示，在根据优化值拟定的水资源利用政策情景下，如果我国仅控制人均生活用水量，而不提高工业部门的用水效率，则用水总量仍会在 2025～2030 年突破水资源约束上限；一旦提高工业部门的用水效率，即使人均生活用水量和生态用水量保持现状、不加控制，用水总量也明显下降，不会突破土地利用上限；如果同时提高工业部门用水效率、控制人均生活用水量，则降低用水总量的效果最佳，用水总量明显低于水资源的约束上限。以上分析表明，我国城市目前对水资源消耗影

响最大的仍是工业部门，在提高工业用水效率的政策实施前后，用水总量相差最大可达 53%。反映出我国城市在水资源利用方面的各部门优化顺序为：工业部门＞生活消费＞生态基础设施建设，即首先降低单位工业 GDP 用水量、提高工业用水重复利用率，其次再适当控制人均生活用水量。在确保工业用水效率和人均生活用水量均达到优化值后，才能适当增大生态用水量，保护城市绿地，改善生态环境。

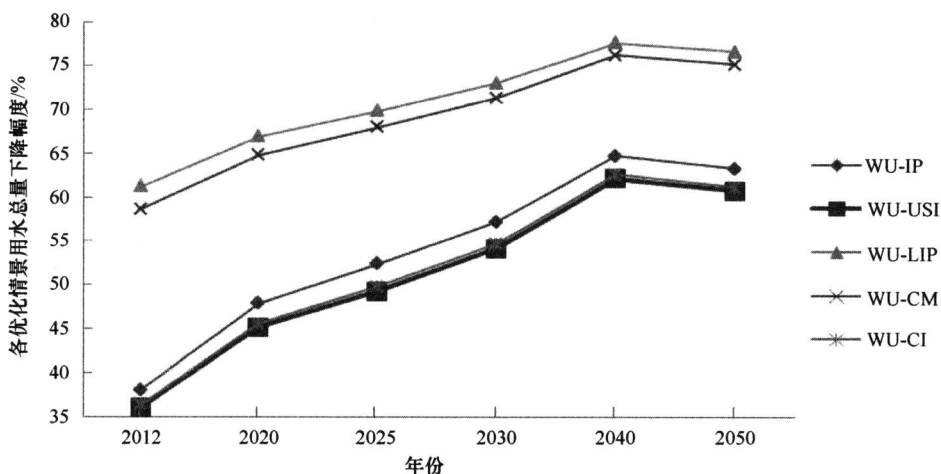

图 3-10　各优化情景的用水总量下降程度

WU-USI 为参照美国单位工业 GDP 用水情景，WU-CI 为参照国内城市先进水平情景，WU-LIP 为同时控制人均生活用水和提高工业用水效率政策情景，WU-IP 为提高工业用水效率政策情景，WU-CM 为综合政策情景

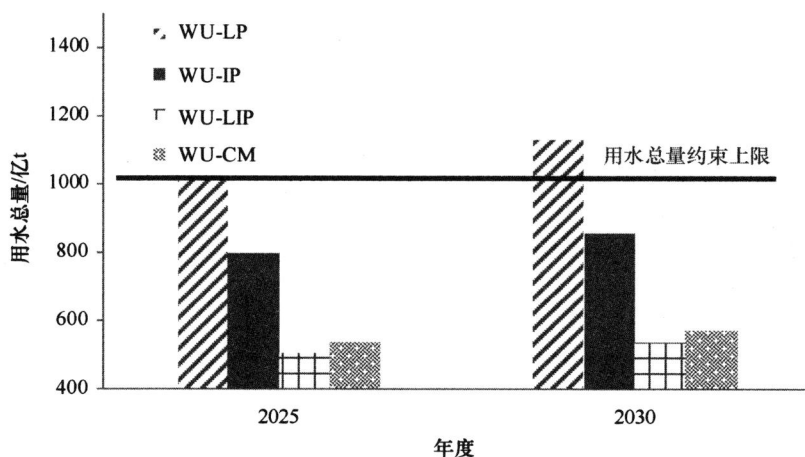

图 3-11　控制单位工业 GDP 用水量前后的用水总量对比

WU-LP 为节约人均生活用水政策情景，WU-IP 为提高工业用水效率政策情景，WU-LIP 为同时控制人均生活用水和提高工业用水效率政策情景，WU-CM 为综合政策情景

除了在源头减少工业用水量，提倡消费者节约生活用水量并对废水、污水进行妥善净化处理以外，新的方向是应该大力推进城市污水处理厂出水的回收利用，很多国家已经将城市污水处理厂改称为"再生水厂"，并将再生水回用于农田灌溉、工业用水及市政绿化用水、清扫用水等，以色列等国家的城市污水处理回用率已达到80%以上，大大缓解了水资源不足、水污染严重的矛盾，兼收了环境效益和经济效益。污水处理后出水的排放标准，也应该根据再生水的回用去向决定。例如，用作农田灌溉的再生水不应要求脱氮除磷，可以充分利用作为肥料，减少化肥用量。

（3）能耗子系统

模型计算得出的不同情景下能耗总量变化趋势如图3-12所示。在基准情景下，能耗总量迅速增长，在2020年将会突破能源消耗的约束上限。说明按现有的能源利用模式发展、不加控制，是不可持续的城镇化发展模式。在实施已有规划的发展情景中，能耗总量从2025年便开始突破能源消耗的约束上限，说明我国已有的能源利用规划对于缓解能源短缺的压力作用不大，应对目前的政策规划作进一步调整和优化。

同时，图3-12表示，在参照美国单位建筑面积能耗水平的发展情景下，即使工业用能效率提高一倍，能耗总量也会持续快速增长，并在2050年突破约束上限33%。因此，盲目效仿美国"追求空间舒适度"的建筑能耗高水平，将会给我国能源供给带来无法逆转的压力，并且这一压力无法通过降低工业用能强度进行缓解。

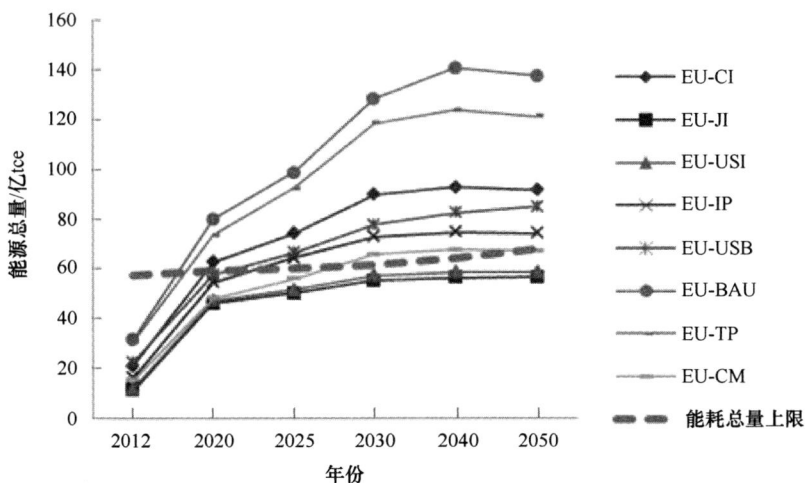

图3-12 能耗子系统不同发展模式的能耗总量

EU-BAU 为基准情景，EU-USI 为参照美国单位工业 GDP 能耗情景，EU-USB 为参照美国单位建筑面积能耗情景，EU-JI 为参照日本、韩国单位工业 GDP 能耗情景，EU-CI 为参照国内城市先进水平情景，EU-IP 为降低单位工业 GDP 能耗政策情景，EU-TP 为控制交通能耗政策情景，EU-CM 为综合政策情景

在参考美国单位工业 GDP 能耗的发展情景下，即使建筑和交通能耗仍保持现状的快速发展趋势，能耗总量在 2020～2050 年也不会突破能耗的约束上限；参照日本、韩国单位工业 GDP 能耗的发展情景与参照美国情景类似，均实现了工业生产对能源的高效利用，能够抵消由于建筑的大量用能带来的能源短缺压力。反映出美国、日本的技术水平和清洁能源的巨大优势。

图 3-13 表示，以不突破能耗约束上限为标准，筛选出的各优化情景能耗总量的下降幅度，反映各优化情景对能源利用的控制力度和优化程度。分析可知，在 2012～2020 年，由于人口尚未达到峰值，人口增长明显加快，控制能耗强度对于能耗总量的降低作用较为有限；而在 2020 年后，人口逐渐达到峰值，增速减缓，并在达到峰值后呈下降趋势，因此控制能耗强度的措施对能耗总量的降低作用愈发突出，最大降低幅度达 60%，在此期间适宜采取"参照美国和日本、韩国的工业用能效率"等政策。在 2012～2050 年参照日本、韩国工业用能效率，能耗总量下降幅度最大，因此为最优化的能源利用控制措施。

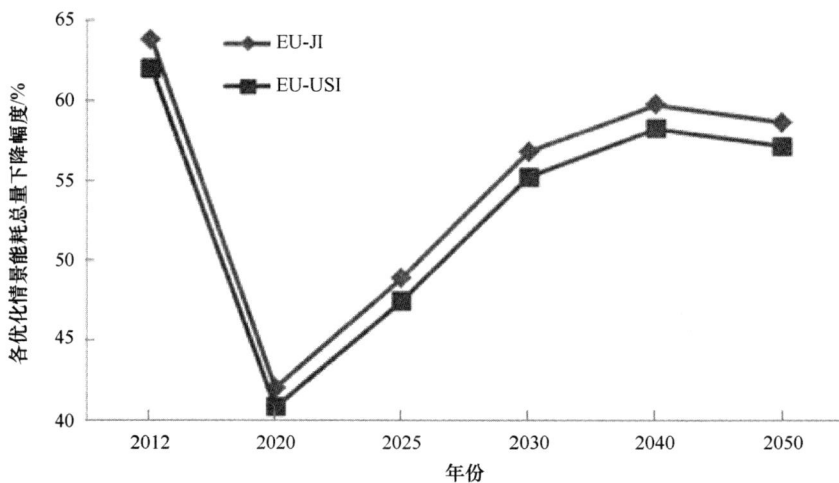

图 3-13　各优化情景的能耗下降幅度对比

EU-USI 为参照美国单位工业 GDP 能耗情景，EU-JI 为日本、韩国单位工业 GDP 能耗情景

图 3-14 显示，在根据优化值拟定的能源利用政策情景下，如果我国城市仅控制交通能耗，不提高工业用能效率，那么即使单位建筑面积能耗保持目前的较低水平，能耗总量仍会在 2020～2050 年突破能耗上限值；如果我国城市仅提高工业用能效率，不控制交通能耗，那么即使保持目前单位建筑面积能耗的较低水平，能耗总量也会在 2020～2050 年突破能耗上限；只有我国城市同时提高交通用能效率、控制建

筑能耗、提高工业用能效率，才能实现能耗总量不突破约束上限的目标，能耗总量与基准情景相比下降明显。因此，在节能减排方面，工业、交通、建筑三个部门具有相同的重要性，应该同等重视。

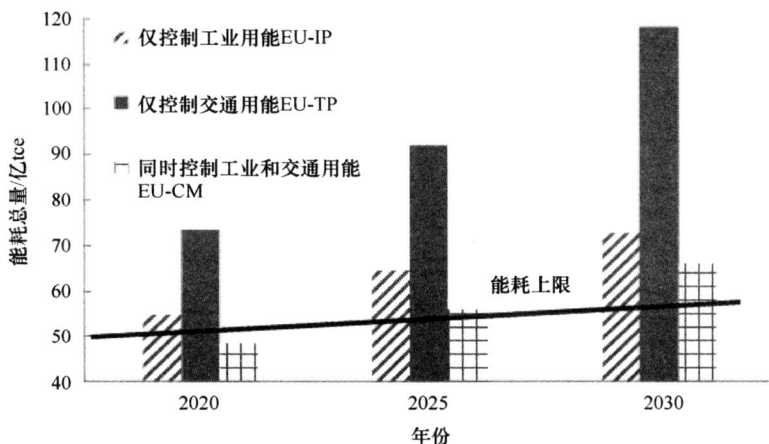

图 3-14 单一部门节能和多部门共同节能的能耗总量差异

(4)大气污染排放

模型计算得出的不同情景下废气排放总量变化趋势如图 3-15 所示。在基准情景下，废气排放量迅速增长，2012～2050 年均会突破大气环境容量，且最高可超过大气环境容量的 6.6 倍。说明按现有的城镇化发展模式，对工业部门和交通部门废气排放强度不加控制，无法实现大气污染物的削减。

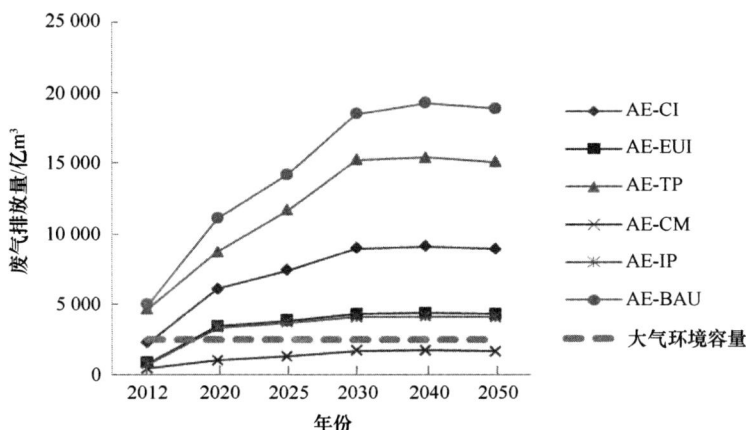

图 3-15 不同发展模式的废气排放量

AE-BAU 为基准情景，AE-EUI 为参照欧洲国家单位工业 GDP 废气排放量情景，AE-CI 为参照国内城市先进水平情景，AE-IP 为降低工业废气排放强度政策情景，AE -TP 为降低交通废气排放强度政策情景，AE-CM 为综合政策情景

图 3-15 表示，在参照欧洲国家单位工业 GDP 废气排放量的发展情景下，对交通部门的废气排放量不加控制，则大气污染物排放量虽比基准情景有所减少，但仍会在 2020～2050 年突破大气环境容量。反映出控制单一部门的废气排放强度对于减排作用的局限性。

图 3-16 显示，如果我国仅根据优化值降低工业废气排放强度、提高工业废气治理率，而不降低交通运输的废气排放强度，则大气污染物排放量虽比基准情景有所减少，但仍会在 2020～2050 年突破大气环境容量；如果我国仅将交通废气排放强度降低至优化值，而不降低工业废气排放强度，不提高废气治理率，大气污染物排放量只比基准情景略微减少；只有我国同时将工业废气排放强度、工业废气治理率和交通运输废气排放强度均调整为本研究计算的优化值，才会实现废气排放量的大幅下降。因此，必须同时控制工业部门、交通部门的废气排放量，兼顾工业和交通部门的技术革新和清洁生产工作，才能使大气污染物排放总量有明显降低。

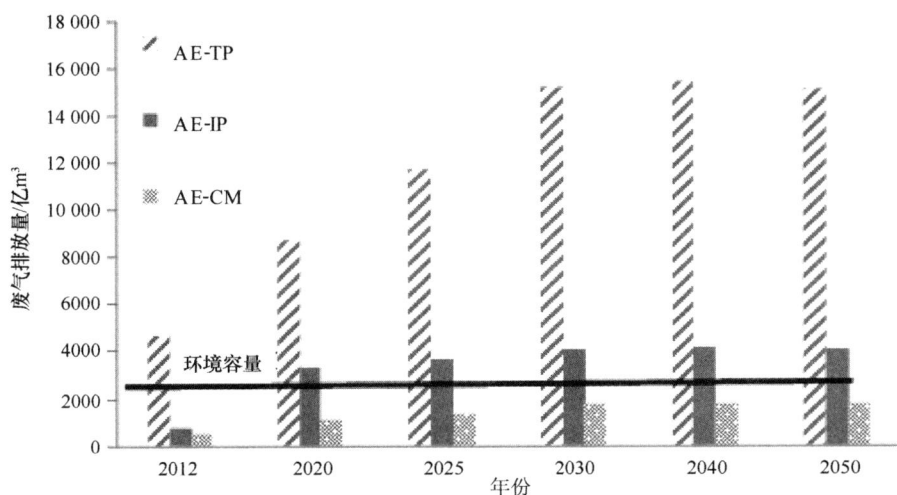

图 3-16 单一部门和多部门共同减排的废气排放总量差异对比

AE-TP 为仅控制交通排量政策情景，AE-IP 为仅控制工业排放量政策情景，AE-CM 为同时控制交通和工业排放量政策情景

(5)水污染排放

模型计算得出的不同情景下废水排放总量变化趋势如图 3-17 所示。在基准情景下，废水排放量迅速增长，在 2020～2050 年均会突破水环境容量，且最高可超过水环境容量的 9 倍。说明按现有的城镇化发展模式，不加优化，无法实现水环境污染物的削减。

图 3-17 表示，在参照发达国家单位工业 GDP 废水排放量的发展情景下，我国

实行欧洲地区、美国、日本、韩国等发达国家的工业废水排放强度标准和工业废水达标排放率，则废水排放总量仍会从 2020 年开始突破水环境容量。水污染物排放量最大可超过环境容量的 1.5 倍。说明按我国城镇化进程中人口、经济的实际情况，我国应大力推行清洁生产和循环经济，在源头削减污染排放量，并实行比发达国家更为严格的工业废水排放和治理标准，特别是不能允许有毒有害污染物的排放。

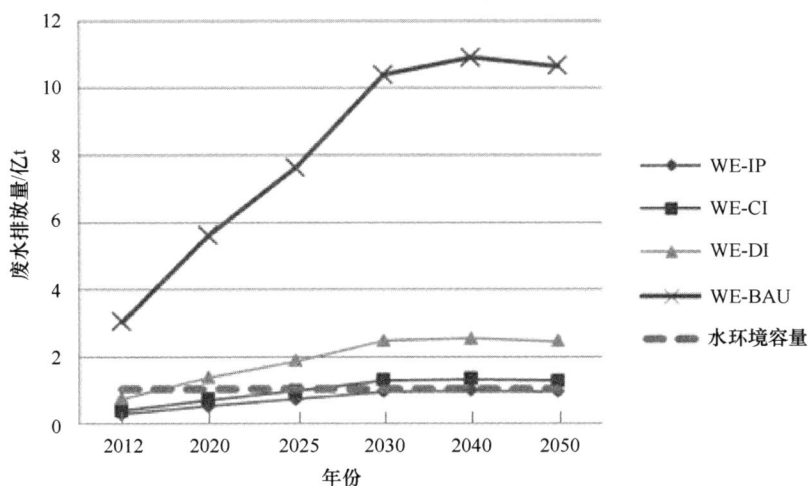

图 3-17　不同发展模式的废水排放总量

WE-BAU 为基准情景，WE-CI 为参照国内城市先进水平政策情景，WE-IP 为降低工业废水排放强度政策情景，WE-DI 为参照欧洲地区、美国、日本、韩国废水控制情景

（三）城镇化发展模式优化

通过城镇化发展情景分析，可以总结出城镇化发展的优化模式。建议城镇化发展优化模式如下。

1) 适当减缓城镇化率增长速度。

2) 在土地利用和用水方面，对各部门的控制可以有优先顺序，应首先提高工业部门的资源利用效率，对生活和交通部门的优化应根据地方资源条件及目前的土地利用和用水水平提出提高效率的不同目标。

3) 区别于美国、欧洲国家对资源的高消费模式，提倡日本、韩国的绿色消费方式。

4) 实行比发达国家更为严格的污染物排放强度控制标准。

5) 在节能减排方面，工业、交通、建筑各部门均有相同重要的地位，应同样重视，多部门同时优化。

6）缩小不同城市之间在资源利用效率方面的差距，加强大城市对周边中小城市的辐射作用。

7）以工业集约用地模式缓解"疯狂造楼"带来的用地总量剧增问题。

四、城镇生态规划和智能设计

（一）生态规划和设计

中国正处于快速城镇化与资源危机并存的阶段，城镇化进程既是中国经济发展的强大动力，又给能源和环境带来巨大压力。未来5～10年是我国实现城镇化跨越发展的关键阶段，高速度、高密度、高强度城镇化发展带来城市生态环境恶化问题。在此背景下，中国城市规划界近年开始探求具有中国特色的城市生态规划、生态城市规划、低碳城市规划的理论与方法体系，生态导向的城市规划设计对城市规划的途径和过程提出了新的要求。

随着生态、低碳、新能源等新城市口号与政策的不断提出，我国城市规划界更加注重融入生态设计手法，以实现城市的低碳生态化及可持续发展，中新天津生态城、曹妃甸生态城等就是其中较为典型的案例。但是，我国还处于低碳生态城市规划和建设的探索阶段，需要为未来的城市规划和城市空间制订以生态目标为导向的设计方法。

生态设计是一种以现代生态学为基础和依据的设计思维方法，其主要特点是强调人与自然的相互关联与相互作用，以及保持与维护人类与自然界间的和谐关系。生态设计的主要目的在于利用自然生态过程与循环再生规律，达到人与自然的和谐共处，以及发展的可持续性，从而提高人类居住、工作、休闲、学习、娱乐等方面的质量。生态设计与常规设计有很多不同，其差别见表3-4。

表3-4 常规设计与生态设计之比较（Vander Ryn and Cowan，1996）

问题	常规设计	生态设计
能源	消耗自然资本，基本上依赖于不可再生能源	充分利用太阳能、风能、水能或生物能
材料利用	过量使用高质量材料，使低质量材料变为有毒、有害物质，遗存在土壤中或释放入空气	循环利用可再生物质，废物再利用，易于回收、维修、灵活可变、持久
污染	大量、泛滥	减少到最低限度，废弃物的量和成分与生态系统的吸收能力相适应
有毒物	普遍使用，从除虫剂到涂料	非常谨慎使用

问题	常规设计	生态设计
生态测算	只出于规定要求而做，如环境影响评价	贯穿于项目整个过程的生态影响测算
生态学和经济学关系	视两者为对立，短期眼光	视两者为统一，长远眼光
设计指标	习惯、舒适，经济学	人类和生态系统的健康，生态经济学
对生态环境的敏感性	规范化模式在全球重复使用，很少考虑地方文化和场所特征	应生物区域不同而有变化，设计遵从当地的土壤、植物、材料、文化、气候、地形，本地化解决方案
对文化环境的敏感性	全球文化趋同，损害人类的共同财富	尊重和鼓励地方的传统知识、本地技术和材料的应用培育共同文化，丰富人类的共同财富
生物、文化和经济的多样性	使用标准化的设计，高能耗和材料浪费，从而导致生物文化及经济多样性的损失	维护生物多样性和与当地相适应的文化，以及具备经济支撑
知识基础	狭窄的专业指向，单一的	综合多个设计学科及广泛的科学，是综合性的
空间尺度	往往局限于单一尺度	综合多个尺度的设计，在大尺度上反映了小尺度的影响，或在小尺度上反映大尺度的影响
整体系统	以人定边界为限，不考虑自然过程的连续性	以整体系统为对象，实现系统内部的完整性和统一性
自然的作用	设计强加在自然之上，以实现控制和狭隘地满足人的需要	与自然合作，尽量利用自然的能动性和自组织能力
潜在的寓意	机器、产品、零件	细胞、机体、生态系统
可参与性	依赖于专业术语和专家，排斥公众的参与	致力于广泛而开放的讨论，人人都是设计的参与者
学习的类型	自然和技术是掩藏的，设计无益于教育	自然过程和技术是显露的，设计带人们走近教育最终支持了人类发展
对可持续危机的反应	视文化与自然为对立物，试图通过保护措施来减缓事态恶化，而不追究根本的原因	视文化与生态为潜在的共生物，不拘泥于表面措施，而是积极地探索再创人类及生态系统健康的实践

　　我国的"生态城市"建设，促进了对生态城市建设的研究和探讨。然而不可否认的是，我国还处于低碳生态城市规划和建设的探索阶段，尽管在低碳生态城市建设实践中，已经运用了一些生态设计技术和方法，但是在技术方法的集成运用方面还比较欠缺。对此，本课题将可以搜集到的生态城市建设案例进行了系统化的整理，经过分析，发现目前的生态规划设计技术方法主要呈现：重点关注各生态子系统，忽视各系统间互相关联。具体而言，对能源、水资源等五大系统内部的生态设计如下。

　　能源系统方面，提出新能源的开发和集成方面综合利用，结合自身拥有的自然资源禀赋，通过开发某种具有一定规模的新能源，转变成电能和热能供人们使用，以此来实现可再生能源利用。从整体宏观层面上关注能源综合集成技术方法，制订能源专项规划，明确生态城的资源现状，同时设立能源使用目标和使用途径，以此来指导能源发展。

水资源系统方面，解决水资源不足和水环境污染是生态城市建设中的重要环节，应实施节水优先，以防治污染为本，并大力开发利用非传统水资源的水资源可持续管理方针，切实保护饮用水水源地，严格控制工业废水的排放，特别是有毒有害废水的排放，大力收集和利用屋面、路面、绿地雨水，在农业、工业和城市中利用再生水，得到缓解水资源短缺和改善水环境质量的双赢。

环卫系统方面，运用多种固废处理方式，如建立固体废弃物分类收集、综合处理、循环利用体系，建立垃圾分类收集处理系统，建立城市一级的资源回收中心，废弃物焚烧发电等，并且在固废循环利用方面提出相应指标，大力开发城市矿山。

城市交通系统方面，发展绿色公共交通是生态城市的必然选择，应大力推广应用自行车、新能源汽车、有轨电车等绿色交通工具，并大力发展绿色交通系统，包括公共交通系统、高密度的城市慢行道路系统和城市宁静步行系统等，从绿色交通工具和绿色交通系统两方面，双管齐下，以达到低碳生态目标。

循环经济与产业方面，城市建设要围绕"生态产业"进行发展，培育绿色产业，重点发展高新技术产业和现代服务业，实现产业园区的生态化，在生态工业园区中实现产业的共生代谢、能源的梯级利用，提高资源利用率和减少污染排放量，加速循环经济的发展，实现经济健康发展和生态环境保护的双赢。

以上6个方面的子系统建设不应是孤立的，各系统间存在着密切关联。生态城市指标体系能够指导城市规划建设，监测、评价和控制城市的发展方向，具有非常重要的意义。各城市指标体系都有自己的特点，如中新天津生态城的指标体系分为控制性指标和引导性指标，控制性指标是对中新天津生态城发展过程中各方面的考核，引导性指标为生态城发展提出更高层次的努力方向，控制性指标包括生态环境健康、社会和谐进步和经济蓬勃高效三类22项指标，引导性指标主要是区域协调类指标，包括自然生态协调、区域政策协调、社会文化协调和区域经济协调等4个指标。曹妃甸生态指标体系由曹妃甸生态城管委会与瑞典SWECO公司根据共生城市的理念，包括城市功能、建筑与建筑业、交通和运输、能源、废物(城市生活垃圾)、水、景观和公共空间7个子系统，共141项具体指标，其中管理类指标32项，规划类指标109项，对规划类指标进行细化，分为系统层面(68项)、街区层面(16项)和地块层面(25项)，基本涵盖了生态城市建设的各方面。

此外，相对于能源、水资源等相关生态子系统内部，实现能源、水资源、物质资源、大气环境等各个系统间的技术方法运用更具有战略意义和现实价值。例如：曹妃甸新城对场地生态体系进行重新梳理，规划"水利用处理(雨水收集及利用、污水处理及利用、海水淡化)、垃圾处理及利用(垃圾→沼气→利用)、新能源利用(风能、太阳能、潮汐能、地热能)、交通保障、绿化生态、公用设施、城市景观、绿色建筑"8 个系统，最终形成契合生态体系重构的布局形态，努力建设"工业-城市-农业"区域经济大循环模式，环保、宜居、和谐的新型城市。中新天津滨海新城在建设实践中将生态规划方法、土地利用模式、生态社区模式、绿色交通体系、生态环保经济、能源资源利用等方面综合集成，以"紧凑、集约、高效、宜居"为核心理念，在建设中充分运用具有生态特征的技术手段，构建人与自然社会和谐的宜居新城(图 3-18)。

城市建设中的生态规划研究是在传统城市规划的基础上，强化人居系统与自然系统之间整体的生态系统安全、生态效益和资源使用与再分配问题而开展科学规划的创新探索。

探索从单纯的生态规划技术方法向作为城市规划管理依据的生态规划编制内容的转变，基于生态分析，通过评价、计算和综合解析各项因子，量化计算支持定性与定量的生态规划，以技术建构生态规划与城市法定规划相对应的技术标准与指标模式，最终形成可为城市规划所用的体系。

(二)智能动态监测和控制

生态规划中通常存在基础数据匮乏、准确信息掌握不便的问题，这将造成城市生态规划缺乏理性依据，最终影响生态规划设计的实施效果，使城市可持续发展成为无源之水。

为科学地引导和支撑我国城镇化的健康运行与可持续发展，应该准确地把握城镇化的进程，正确地认识其中出现的各种现象，有效地解决存在的突出矛盾与问题。有效调控城镇化发展所面临的关键问题即基础数据的极度匮乏。建立相应的监测系统，有效监测城镇化过程中土地资源演变动态、生态环境变动态势、城乡流动劳动力的流动状况及社会保障安全状况，根据监测结果对城镇扩展和城乡劳动力流动进行合理的引导与控制是城镇化理性发展的基础。

城镇化发展所涉及的信息方方面面，其中直接关系到城乡和谐永续发展的关键性信息包括：城乡人口流动、城乡土地利用、城乡经济要素、社会保障、生态环境

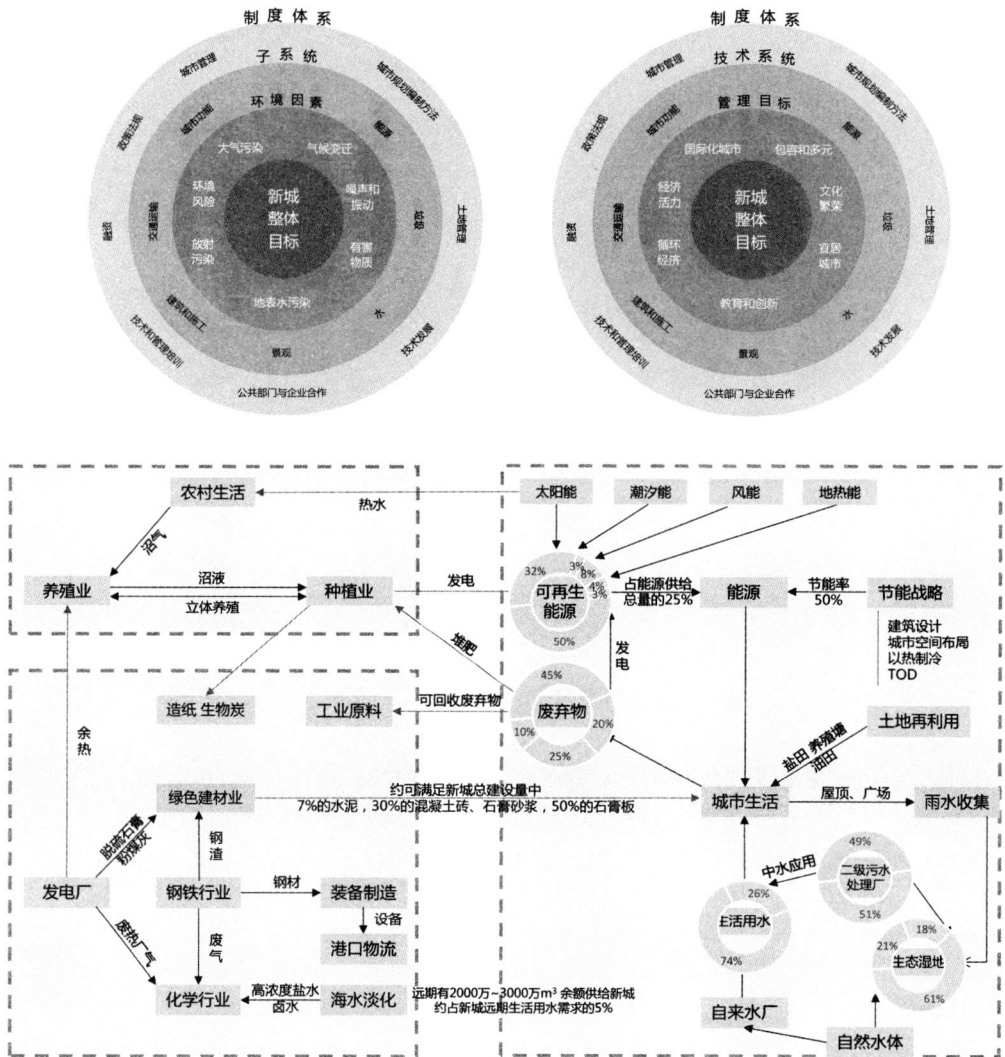

图 3-18 中新天津滨海生态新城与曹妃甸生态新城的各子系统间综合集成示意图

保护、城乡基础设施等。通过对这些系统中关键信息的动态监测，及时掌握关键信息，可以有效加强城乡发展决策的科学性。子系统的预警功能也将大大提高城乡子系统的安全等级。

通过对城乡子系统所获取的数据信息进行监测集成，可以建立城乡区域整体意义上的评价平台，将不同子系统所反馈的问题放在城乡区域整体可持续发展的标准之下，重新分析相关问题的重要性和紧迫性，从而帮助决策系统准确抓住城乡发展所面临的关键问题，并集中力量予以解决。

当前区域规划所提出的空间战略构思由于缺乏技术手段进行评估和校核，在很多时候存在片面性。由于对城镇化规律和不同条件下发展模式(空间模式和动力机制等)的系统研究不够，缺乏定性、定量和定位相结合的城镇化与城镇人口增长预测、城镇化发展关键因素(劳动力转移、城乡土地、区域交通、能源、水资源、生态环境等)分析、突出矛盾或问题(如重复建设、环境污染、土地超强开发、过度圈地等)评估等方法与模型，区域空间规划和协调机制尚有待健全与完善，因而难以有效地进行全国和重点区域城镇化进程的预测、评估，也难以进行跨部门的变化调控。通过本次对城镇化与村镇建设动态监测技术的研究，可以对城镇化所带来的内部和外部影响有科学的测评标准，从技术角度对宏观政策做出理性评价，大幅度拓展我们对宏观区域政策的编制水平，提高政府的科学执政能力。

建立智慧的动态监测监控系统，能够有效监测城市生态规划中各生态要素的变化趋势，根据监测结果发现关键问题并分析其重要性与紧迫性，集中力量予以解决，作为有力的技术支撑，合理引导城市生态规划的实施，协同调控，实现理性发展。

第四章　符合生态文明理念的新型城镇化战略

一、总体思路

强化全民族的生态危机意识，推进中国特色新型城镇化道路，将生态文明理念贯穿于城镇化发展全过程和城镇建设中的经济、政治、文化、社会等各个方面；以区域生态承载力为前提，优化城镇经济发展模式，构建绿色、循环和低碳的产业体系，培育绿色消费方式，加强城镇基础设施建设，制订或完善城镇生态文明建设的评价指标体系，将生态文明建设成就和公众幸福指数等纳入各级城镇党政干部的政绩考核体系；城镇规划建设实施总量控制，控制合理的城市规模、建筑规模，提升城镇宜居性，实现环境友好和资源节约的新型城镇化发展模式；加强城镇能源、交通、供排水等各类基础设施的建设，大力开采"城镇矿山"资源，保障城镇高效、安全、清洁地运行，充分发挥城市功能，努力建设美丽中国。

二、战略目标

（一）总体目标

充分考虑资源环境的约束，综合考虑资源、环境、经济、人口四大子系统对城镇发展的反馈，对城镇生产方式、消费方式、基础设施建设等方面进行生态规划和智能设计，大力提高工业生产的资源利用率和水资源利用率，严格控制新增住宅面积、城镇化率增速、营运车辆单位运输周转量能耗、人均生活用水量和工业生产用水量、工业污染物产生量等城镇化发展敏感性指标，合理控制城镇化年增长速度，选择资源节约、环境友好型的城镇化建设模式，倡导绿色生活方式，发展分地区适宜的建筑能源消费模式，缩小不同城市间在资源利用效率方面的差距，逐步形成生态协调的城镇化建设。

(二)阶段目标

按城镇化的客观需求控制房屋建设总量。2030 年城镇住宅总面积控制在 400 亿 m² 以内，公共建筑总面积控制在 200 亿 m² 以内(彭琛，2014)。

北方城镇采暖大规模利用工业余热。至 2030 年，北方城镇 80% 以上的民用建筑依靠城市热网实现高效可靠供热，利用工业余热承担 25W/m² 以上的基础负荷，在我国整个北方地区实现平均采暖能耗不超过 8kgce/(m²·a)的目标，达到世界先进水平。

资源环境约束下各关键指标控制目标。保证我国在城镇化建设中对土地、水资源、能源的消耗量不超过资源总量约束，废气、废水排放量不超出环境承载力约束，用地总量增长率、用水总量增长率、能耗总量增长率、废气排放量削减率、废水排放量削减率分别在 2020 年、2025 年、2030 年的目标值如表 4-1 所示。

表 4-1 资源环境约束下各关键指标控制目标

目标值(与 2012 年相比)	2020 年	2025 年	2030 年
用地总量增长率	17%~27%	35%~51%	53%~81%
用水总量增长率	24%	36%~38%	45%~49%
能耗总量增长率	47%	59%	75%
废气排放量削减率	78.9%	73%	65.8%
废水排放量削减率	82.2%	76%	68.4%

研究表明，在我国城镇化发展进程中，为保证到 2050 年不突破资源环境总量限制，需要对一些关键性指标做出限定。单位工业 GDP 用地率、新增住宅面积、城镇化率为土地利用量的敏感性指标，应该分别控制在 1.78m²/万元、8 亿 m²/a、65.9%(2025 年控制值，即城镇化率增速为 1.1%/a)；小汽车能耗因子、单位工业 GDP 能耗为能源利用总量的敏感性指标，应分别控制在 0.89MJ/(人·km)、284kgce/万元；小汽车分担率既是土地利用量又是能源利用总量的敏感性指标，其中土地利用量的约束更紧迫，需将小汽车分担率控制在 30%。单位工业 GDP 用水量、工业用水重复利用率、人均年生活用水量、人均年生态用水量为水资源利用总量的敏感性指标，应分别控制在 15t/万元、92%、31t/人、20t/人；单位工业 GDP 废气产生量为废气排放总量的敏感性指标，应控制在 1604m³/万元；单位工业 GDP 废水产生量、工业废水达标排放率为废水排放总量的敏感性指标，应分别控制在 2t/万元、99.09%。

三、重点任务

(一)城镇化建设领域的重点任务

1. 生态文明建设贯穿城镇化全过程，实现全生命周期管理

在城镇化建设全过程落实"尊重自然、顺应自然、保护自然"的思想理念，坚持节约资源、保护环境的基本国策和"节约优先、保护优先、自然恢复为主"的基本方针；把生态文明建设放在突出地位，融入经济建设、政治建设、文化建设、社会建设各方面和全过程，着力推进绿色发展、循环发展、低碳发展；将城镇生态环境保护工作贯穿于生产、流通、消费等各个领域，提高全过程的环境管理水平，从源头上扭转城镇化发展过程中生态环境恶化趋势，转变经济发展方式，为城镇居民创造良好的生产生活环境。

以城镇群作为新型城镇化的地域发展单元，形成生态文明城镇体系发展。生态文明的新型城镇化建设需要首先应对城镇之间的关系，以若干城镇群作为城镇化发展的基本地域单元，对城镇群内部的城镇体系进行大、中、小城镇体系的合理布局，控制特大和大城市的发展，鼓励和培育中小城镇的发展，形成促进区域整体发展、有益区域整体环境的生态文明城镇体系。

2. 发展绿色产业，优化城镇经济发展模式

绿色产业是指节约资源、环境友好的产业，即采用清洁生产工艺、技术，大力降低原材料和能源消耗，实现少投入、高产出、低污染，尽可能把环境污染物的排放消除在生产过程之中的产业。不能选择高耗能、重污染的城市产业，要的是绿色的 GDP。应将绿色产业作为城市发展的驱动力，实现第一产业、第二产业、第三产业的密切配合，充分利用新能源，增大节能减排力度。

在城镇生态文明建设过程中，大力发展绿色产业，具体途径主要包括大力推行清洁生产、发展环保产业、发展绿色技术和标准、生产绿色产品、建设生态工业园区、鼓励绿色投资和信贷。具体来说，城市应注重培育和发展新能源、可再生资源、新能源汽车、节能环保等战略性新兴产业，同时加快传统产业的绿色化转型；鼓励引进和使用世界目前所有绿色技术，同时通过原始创新、引进吸收再创新、集成创新来发展各类绿色技术，包括工业技术、节水技术、保护生态环境技术等；制订并

强制性执行各类绿色、低碳、节能、减排、环保技术标准和标识制度；企业在设计和生产产品过程中应尽量减少材料使用量，注意节约能源，减少污染，在生产过程中尽量减少废弃物产生；同时各企业及工业园区应积极参与社区内的环境整治，推动环保宣传；争取绿色标志，创立绿色品牌，培育企业的绿色文化，树立起"绿色企业"的良好形象；政府应鼓励投资者加强专用于生态建设、环境保护、节能减排、防灾减灾等方面的投资，并建立相应的统计口径和账户；通过减免税收、财政贴息等激励政策，充分发挥"绿色金融"作用，积极推行"赤道原则"，引导资金流向节约资源技术开发和生态环境保护产业，引导企业生产注重绿色环保，引导消费者形成绿色消费理念。通过绿色产业拉动绿色 GDP 增长，以及促进绿色消费模式的转变，驱动城市向着经济与生态协调发展的宜居型城市转变。

3. 重视城镇设计和建设，控制城镇建设规模

重视城镇基础设施规划设计和建设，将生态文明的理念落实到城镇规划、建筑设计和基础设施建设领域的各个方面和全过程中。

以区域生态承载力为基准，在城镇群规划中确定城镇区域发展相互之间的等级规模和功能配置，划定城市增长边界。避免区域内重复投资和恶性竞争，明确城镇群中天然生态系统保护及城镇之间绿化工程，以及生态基础设施建设。

按照区域城镇化的客观发展规律、趋势及与经济社会生态发展水平的匹配关系，设定城镇发展目标，合理控制城市用地规模、建筑规模、能源消费水平，设计合理的城镇建筑、基础设施建设速度，减少过度建设带来的资源能源浪费，缓解城市拥堵，强化生态系统的服务功能，提高城市的宜居性。加快制订或完善城镇生态文明评价指标体系，将生态文明建设成就和公众幸福指数等纳入各级城镇党政干部的政绩考核体系。

应学习德国"去中心化"的城镇化模式，发展规模小，数量多，分布均衡的城市，城市行政资源的服务功能应实现等值比分布，振兴中心城市，振动不同领域以及城乡之间的无差异发展。应反对城镇建设追求大、洋、调，建造耗费资源、金钱，却没有实用价值的形象工程。

应严格控制我国建筑总量，从人均建筑面积约束出发，我国未来城镇建筑面积总量不应超过 420 亿 m²；明确各地建筑发展规模，并逐年减少新建建筑量，稳定建筑业及相关产业市场，未来维持在每年 6 亿～8 亿 m² 的新建建筑量以代替拆除翻新建筑。为减少房屋的空置率，遏制投机性住房投资，提升城市建筑的使用效率，应

尽快开征房产税，使政府从对土地财政的依赖中摆脱出来，从而使政策不再向大力发展建筑业倾斜，实质上提高居民消费能力，推动第三产业的发展。

在基础设施建设领域，一是优化城镇水循环体系，保障城镇化发展的水资源供应、饮用水安全和进行水污染防治；二是推进城镇废物资源化，大力开发"城镇矿山"；三是加强公共交通能力建设，方便居民绿色出行；四是在我国北方地区全面发展以热电联产和工业余热为热源的集中供热系统，解决冬季城镇建筑供暖问题。对其他地区进行严格控制，尽可能不发展任何形式的集中供热、集中供冷及分布式热电冷三联供系统。

4. 发展智能技术，建立城市信息网络

对城市进行精细化的运营管理，发展智能技术，建立城市信息网络基础设施(如感知器等多层级设备)以实时收集、存储、监测、反馈海量数据，借助计算机系统及大数据技术强有力的分析手段，对城市的地形地貌、地质土壤、水气环境、日照风向、生物物种、植被群落等自然条件进行充分的动态研究和分析，实现城市运行的即时反应和准确判断，基于最小化原则减少城市运行的成本消耗，杜绝过去城镇化中出现的耗时长、能耗高、污染大、效率低等资源浪费问题，使整个城市处于动态、有序、持续更新的适应状态，像一个不断生长的生命体一样永远保持其活力。同时对传统城市营造方式、功能组织形式、建筑建设策略进行研究分析与归纳总结，充分挖掘其在经历了千百年后所形成的应对自然的生态策略。形成一系列的顺应山水格局、保持城市传统风貌、低碳节能高效的城市建设手段，使城市在建设过程中尊重原有环境。

5. 城市基础设施建设转型

中国城市基础设施建设在新形势下面临新的挑战。中国城市未来在能源使用方面具有"多源、集成、智能、互联"的特点，城市能源基础设施必须在大力提倡节能的前提下，决定建设设施规模，并进行新一代能源设施转型。新一代分布式能源设施，是利用可再生能源和清洁能源进行发电，实现能源互联共享，现场发电、蓄电、蓄能，精细化负荷预测，扁平化能源管理。

应按照生态文明的理念完善城市市政基础设施工程。例如，城市给水排水系统应保障安全供水、水环境良好水质及污水的资源化和能源化，还应防止洪涝灾害，重现利用雨水、再生水等非传统水资源。目前的城市建设存在重地上、轻地下的倾向，地下管网泄漏率很高，造成水资源浪费、地下水污染，甚至使饮用水水质受到严重影响。

由于快速城镇化进程及对城市水资源生态功能的忽视，城市雨岛效应和内涝频

发。应建设海绵城市，建设立体多功能多层次的分流分滞的基础设施系统，由点及面，保护和修复现有城市水体。由小及大，从用地布局竖向设计到地表地下排水通道，建设排水设施。完善城市排水规划标准，从基础设施设计方法上改进城市洪涝预警调度系统。应大力推进科技创新，实现城市废水的资源化、能源化，回收水资源、能源和肥源，兼收经济利益和环境利益。

6. 推动生态城区建设与改造示范

在全国不同气候区、不同规模、不同功能城市中继续深入开展绿色低碳重点小城镇、绿色生态城镇(绿色生态示范区)、绿色居住区、绿色基础设施、绿色交通等重点项目建设，深入推进绿色建筑规模化发展。全面推进城镇新建区域(规划新区、经济技术开发区、高新技术产业开发区、生态工业示范园区等)按照绿色生态城区标准规划、建设和运行，积极推动旧城更新与既有城镇生态化改造的结合，大力开展生态建设与改造试验、创新、示范项目的建设，重点示范中小规模的生态社区、生态工业园区项目。

7. 大力开采"城市矿产"实现城市废弃物有效利用

城市废弃物是放错了地方的资源，大力开采"城市矿产"既能缓解资源环境压力，又能促进经济发展。中国每年产生的生活垃圾、市政污泥、畜禽粪便、工业废渣、农林剩余物、建筑垃圾、电子垃圾等城镇固体废弃物超过 100 亿 t，如能有效利用，不仅可回收大量纸、塑料、稀有金属和钢铁等资源，还可生产有机肥、生态建材等资源化产品。而目前我国"城市矿山"每年有 500 万 t 左右的废钢铁、20 多万 t 废有色金属、1400 万 t 的废纸及大量的废弃塑料、废弃玻璃等没有得到有效利用，尤其是其中的有机废弃物还存在巨大的能源化利用潜力(国家发展改革委，2014)。应构建高效的资源回收利用体系，大力开采"城市矿山"资源，提高城市废弃物无害化处理率和资源利用率，实现经济效益和环境效益的双赢。

8. 加强城镇污染防治，推动废水、废气的资源化、能源化

我国水污染防治工作始于 20 世纪 70 年代末，经过长时间的努力，取得了一定成就，但是水污染依然未得到有效控制，水体质量和水环境质量未得到根本性好转。水污染主要源自工业废水、生活污水、农业施用的农药及化肥流失等。水污染频繁发生，严重制约经济的可持续发展，2009 年盐城特大水污染事件、赤峰水污染事件等令人触目惊心。水污染事故的频发带来了多层次、不同程度的危害，因此加强水

污染防治是推动城市可持续发展的一项重要任务。同时，我国为缺水国家，2012 年中国人均水资源量为世界人均水平的 28%，近 90% 的城市存在不同程度的缺水问题。而水污染加剧了城市水资源短缺，危及饮用水安全。解决城镇水问题，应坚持节水优先，控制需求；治污为本，源头消减；注重开发利用非传统水资源，提升污水废水的资源化、能源化利用水平。

我国大气污染问题严重，长期以来粗放型的经济发展方式使；能源消费超计划增长，结构和利用不合理；机动车保有量增长过快，造成能源消耗增加、空气污染加剧、城市交通堵塞等严重问题；同时环境监管能力不足，违法排污屡禁不止，城市空气污染作为一个主要的环境问题正迅速地凸现出来，对人们的生活、生产活动和健康造成严重的危害。城镇大气污染防治应加强源头减排治理，注重全过程的控制；除了集中控制大源、点源，尚需加强低矮面源、采暖期散煤使用及无组织排放的控制等，应积极推进大气污染联防联控，改善区域空气质量。

我国土壤污染总体形势不容乐观，局部地区污染严重，主要根源是工矿业"三废"排放、农业面源污染及自然成因等。全国很多城市土壤存在汞、镉、硒、铅、铬、砷、镍、锑、锌等污染，复合污染严重，生态风险值得关注。同时我国土壤污染呈转移扩散之势，出现了由工业向农业扩散、城区向农村蔓延、地表向地下渗透、上游向下游转移、水土污染向食物链延伸的趋势，逐渐累积的污染导致环境事件的频发，加强土壤污染防治已刻不容缓。土壤保护应以预防为主，预防的重点应放在对各种污染源排放的总量控制上：对农业用水进行经常性监测、监督，使其符合农田灌溉水质标准；减少化肥、农药的使用量；利用城市污水灌溉，必须进行净化处理；推广病虫草害的生物防治和综合防治，以及整治矿山，防止矿毒污染等，对受污染土壤的整治应尽快提到日程上来。

(二)新型城镇化发展领域的重大工程

新型城镇化已成为新时期的国家战略，城镇化发展必将带来一定的资源环境压力。针对当前城镇化进程中资源利用效率偏低的问题，应以节能、节水、资源再利用为重点，推进固废回收利用、工业余热利用、绿色建材、智能与绿色技术的应用，引导城镇建设走向集约高效。

1. 城镇矿山二次资源开采利用重大工程

针对目前城镇矿山开发利用规模小、产业链条短、集成创新不够等问题，构建高效城镇废弃物二次资源回收利用体系，依据地区产业结构、区位条件等，结合我国循环经济示范市(县)和城市矿产基地建设，建立规模化、跨产业链接，循环共生，技术优化集成为基础的二次资源开采利用工程，支撑区域资源能源高效利用和区域环境质量改善。

2. 大规模利用工业余热于北方城镇采暖重大工程

转变城镇采暖节能思路，从热的"质"与"量"视角全面审视目前供热系统的节能潜力。充分开发各种热电联产与工业余热的低品位热源，替代目前的各类供暖锅炉，最大限度地满足城镇建筑供暖需求。对供热方案进行全面的科学规划，从供热机制改革入手，依靠市场力量，全面实现最佳的技术方案、最优的体系结构和最好的运行模式，从而实现北方采暖的大幅节能减排(清华大学建筑节能研究中心，2015)。

3. 城市清洁发电设施建设工程

增加天然气发电机组的比例，通过燃气电厂为燃煤发电和可再生能源发电调峰，增加电网柔性，接受更大比例的可再生能源，减少弃风电现象。发展燃气储存，应对季节性用能不均问题。变热电联产"以热定电"模式为"电热解耦"的电力调峰模式。

4. 城镇绿色建筑及材料推广重大工程

积极推进太阳能等和可再生能源在建筑中的规模化应用工程；推进既有居住建筑供热计量和节能改造工程；大力发展绿色建材，提高新建建筑中绿色建筑与安装智能控制系统建筑的比例。

5. 城镇化智能技术与设施推广应用工程

建立城市信息网络基础设施(如感知器等多层级设备)，以实时收集、存储、监测、反馈海量数据，借助计算机系统及大数据技术强有力的分析手段，开展智能城市建设工程。

6. 绿色交通运输体系建设工程

统筹构建绿色交通运输发展工程、城市运输结构优化工程、城市公交优先发展工程，改善综合交通枢纽布局优化工程，推动智能交通发展工程，提高交通运输节能减排综合水平。

7. 城市废水处理和利用建设工程

采用高效、低碳、低成本的工艺技术，将废水处理净化为再生水回用于农业、工业或市政，对产生的污泥进行处理并回收能源及其中的肥源和化工原料，对雨水进行收集和利用，防治洪涝灾害并补给水资源。

8. 村镇特色本土化材料应用示范工程

摈弃千城一面的无识别性设计，以展现村镇特色、留住"乡愁"为主题，创造具有浓郁地方特色的优质村镇建设示范工程。遵循就地取材的生态原则，提高建筑中本土化材料(施工现场 500km 范围内的材料)的使用比例，通过使用具有地方村镇特色的本土化材料和地域化建筑形式，创造唤醒集体记忆、具有鲜明识别性的新型生态村镇空间。

第五章 城镇化过程中生态文明建设的保障条件与政策建议

一、保障条件

(一)财政投入优先考虑生态示范项目

财政政策进一步加大对城市安全、改善民生、优化环境、节能减排等公共性生态示范项目建设的支持力度。财政投入逐步向村镇建设倾斜。按照经济社会发展水平、人口增长规模和设施负荷强度等,适时适当调整资金投入,完善城市维护资金投入的动态调整机制。

推动经济杠杆调控城市生态化建设,拓宽城市建设投融资渠道,健全生态基础设施、住宅、政策性金融机构等,创造公平竞争、平等准入的市场环境,对于经营性和准经营性的生态设施建设,积极吸引社会资本进入。

(二)执行严格的生态空间红线控制

强调生态环境保护,严守生态用地底线,建立城镇市域生态空间强管制机制,积极推进基本农田集中连片建设,锁定生态空间基底,城镇建设严格执行《城市绿线管理办法》《城市蓝线管理办法》,推动地方落实制订城市绿线、蓝线管理制度,特别对建成的绿地、林地、湿地和主要河道、湖泊等要严格设定保护控制区。

(三)推行"按温计价"机制,保障集中供热新模式的发展

推出"按温计价"的热价体制,替代原有"按热计价"的体系。有力地推动热网公司改造热网、降低回水温度,从而降低热电厂成本和能耗,并促进更多远距离电厂改造为热电厂替代燃煤锅炉,最终对我国集中供热节能减排起到重大推动作用。从谁投入谁受益的经济学原则出发,再考虑实际可操作性和简洁性需求。

（四）创新城镇生态文明体制和政策体系

为了将城镇生态文明建设落到实处，应积极完善相关政策、制度，靠法律法规来确保城镇生态文明建设工作的有序推进，尤其要正确认识 GDP 的数量和质量，把资源消耗、环境损害、生态效益纳入城镇化经济社会发展的评价体系中。针对城镇化的"两型社会"和生态文明建设，提出衡量"两型社会"的硬指标(如城镇居民人均生活用水量、城镇固体废物回收利用率、人均住房面积、人均建筑用能量、单位建筑面积平均用能量、单位 GDP 能耗等)。

以城镇空间发展方面为例，应建立起动态性的生态文明的城镇空间指标体系。例如，在区域城镇体系层面，控制城镇化人口增长中特大城市人口比例不高于 20%，中小城镇人口比例平均应不低于 40%；在城市空间层面，人均城市建设用地面积根据地区差异，要控制在 $80 \sim 100 \mathrm{m}^2/$人，同时根据所处的环境区划，将城市热岛效应控制在一定范围内；在街区层面，城市土地要具有大于 1.5 的功能混合度，提高城市土地的功能复合性。

二、政 策 建 议

（一）制订城镇建设用地集约化开发制度

推动建立城乡存量土地信息库，严格控制新增用地指标，推行集约化用地开发制度，创新土地出让方式和管理模式，出台城市更新的国家级和地方性法规，推动低效存量土地功能更新与置换。将单位产出占地面积、单位水耗、单位能耗等作为土地出让的考核指标，减少单位土地面积资源消耗。

（二）加强城乡建设的智慧管理平台建设

加快城乡建设信息化系统，形成各部门各行业互联共享。加强管理平台建设，推进信息化向各部门、各行业管理，以及重大项目管理中渗透，显著提高建设领域管理水平。加强服务平台建设，不断拓展项目和内容，改进服务质量，满足社会市民需求，促进形成共治共享城市管理的格局。

（三）推动城镇群区域环境协同治理机制

积极推动各大城镇群区域和流域生态环境保护治理部门联席会议制度建设，建立规划协调、资源共享、行动一致的区域环境治理组织协调机制。

（四）发展城市绿色产业，作为城市发展驱动力

将绿色产业作为城市发展的驱动力，实现第一产业、第二产业、第三产业的密切配合，充分利用新能源，增大节能减排力度。大力发展环保产业，发展绿色技术和标准、生产绿色产品、增强园区企业、工业园区绿色管理理念，鼓励绿色投资和信贷。通过绿色产业拉动绿色GDP增长，以及促进绿色消费模式的转变，驱动城市向经济与生态协调发展的宜居型城市转变。

（五）弘扬传统生态文化，树立良好的社会风尚

传统生态知识系统，是经历长期历史检验后仍得以留存的具有深刻性和较强普适性的系统，是居民在漫长的生产生活实践过程中，结合各地的地理环境、气候条件、风土人情及文化特征等，逐渐创造和积累的与自然协调、符合地方条件的独特传统生态文明。

通过系统梳理中国传统文化中的生态文明，建立传统生态文明谱系，有助于更加系统、清晰地了解中国传统文化中的整体结构和脉络，填补生态理论体系构建中传统生态智慧理论的空白。在现代城乡生产生活中弘扬和复兴传统生态文化，对于解决当前在城市建设中所面临的挑战具有很强的针对性，是未来发展的重要动力源泉。

下　篇

绿色消费与全民生态文明建设

第六章　绿色消费与全民生态文明建设背景

"十八大"报告明确要把"生态文明"融入我国的各项工作中，实现"五位一体"。这就要求我国今后的社会发展和经济建设要从生态文明的模式出发。居民消费和全民文化建设是社会发展和经济建设最主要的组成部分，因此，必须充分认识在生态文明的发展模式下，居民消费和全民文化建设的模式。

一、绿色消费与全民生态文明建设的重要性

绿色消费与全民生态文明建设是生态文明建设的重要组成部分，在首次提出"生态文明建设"的"十八大"政府工作报告，以及对我国生态文明建设进行了总体部署的《中共中央国务院关于加快推进生态文明建设的意见》中，都对两者提出了明确要求。

（一）"十八大"政府工作报告

"十八大"报告中着重指出：我国的生态文明建设应当"全面促进资源节约""控制能源消费总量""促进生产、流通、消费过程的减量化、再利用、资源化"。

长期以来，我国在以"经济发展"为中心的指导思想下，过于强调 GDP 增长，对环境与资源的认识较为匮乏，生产方式以"粗放型"为主。与之对应，我国的消费模式也偏于粗放型。而能源消费总量控制的提出，使得能源消费量成为生产企业的制约因素，以往只谈利润、不顾资源消耗与环境影响的生产方式将无法继续生存，而"减量化、再利用、资源化"将成为主要经济活动新的特征与目标。与之对应，居民的消费方式与消费品也将更为注重资源和环境的影响。

"十八大"报告同时要求"加强生态文明制度建设""加强生态文明宣传教育，增强全民节约意识、环保意识、生态意识，形成合理消费的社会风尚，营造爱护生态环境的良好风气"。其中，"生态文明制度"的全面建设在十八届三中全会的报告中被再次提及，以推动"形成人与自然和谐发展现代化建设新格局"。

生态文明制度建设是生态文明建设的重要组成部分，完善的制度建设能够使得

生态文明建设更为有效与全面。而在生态文明制度建设中，全民对生态文明的意识与社会风尚十分重要。只有形成了良好的社会风气，才能从根本上改变当前大多数人以经济建设为单一指标的观念，将生态文明建设完全落实到各项工作当中。

（二）《中共中央国务院关于加快推进生态文明建设的意见》

2015 年印发的《中共中央国务院关于加快推进生态文明建设的意见》（以下简称《意见》）为我国就生态文明建设进行的一次总体部署。

该《意见》指出，"在资源开发与节约中，把节约放在优先位置，以最少的资源消耗支撑经济社会持续发展"。报告强调了全民生态文明建设的重要性："坚持把培育生态文化作为重要支撑。将生态文明纳入社会主义核心价值体系，加强生态文化的宣传教育，倡导勤俭节约、绿色低碳、文明健康的生活方式和消费模式，提高全社会生态文明意识"。《意见》还提及，对于建筑与交通消费领域，要重点推进其节能减排。

《意见》着重指出，要"加快形成推进生态文明建设的良好社会风尚"，要求充分发挥群众力量，且"实现生活方式绿色化"，包括"提高全民生态文明意识""培育绿色生活方式""鼓励公众积极参与"。报告对全民生态文明建设、绿色消费均提出了相应的要求，如要"使生态文明成为社会主流价值观""从娃娃和青少年抓起"，把生态文明教育纳入教育体系，"形成人人、事事、时时崇尚生态文明的社会氛围""广泛开展绿色生活行动""倡导绿色生活和休闲模式"等。

二、我国生态文明建设下"绿色消费"的科学内涵

基于对绿色消费与全民生态文明建设理念的要求，需要探讨在生态文明建设下"绿色消费"的科学内涵，即在生态文明理念中，什么是绿色消费，为什么要进行绿色消费。

（一）绿色消费的一般定义

绿色消费这一概念始于 20 世纪 70 年代。艾伦·杜宁在《多少算够》中基于大量的实证数据和资料指出，我们生活在一个消费者社会，而目前的消费模式不可持续，也不能带来幸福，因此我们需要提出"绿色消费"的概念，使全球居民能够在不使这个星球的自然健康状况受损的情况下享有一种舒适的生活。

什么才是绿色消费模式？目前并没有精确的定义。或许大家都同意骑自行车是绿色消费模式，私家车则很难归入这一行列，那么合乘行为呢？混合动力的私家车呢？恐怕大家的答案就不那么一致了。社会科学研究需要的是审慎的定义和精确的测量，而非想当然的模糊印象。因为只有通过测量，我们才能比较不同地区、不同人群在绿色消费模式上的差别，我们才能把握同一个地区绿色消费模式的历时变化，我们才能知道在绿色消费模式的道路上，我们的位置究竟在哪里。基于这样的考量，本研究首先回顾国内外有关绿色消费的研究，然后提出本研究对绿色消费模式的工作定义。

1987 年，John Ellington 和 Julia hails 在《绿色消费指南》中从商品特征的角度定义了绿色消费，提出绿色消费需避免以下六大类商品：①危害消费者和他人健康的商品；②因过度包装，超过商品有效期或过短的生命周期而造成不必要消费的商品；③在生产、使用和丢弃时造成大量资源消耗的商品；④使用出自稀有动物或自然资源的商品；⑤含有对动物残害或不必要剥夺而生产的商品；⑥对其他发展中国家有不利影响的商品。

中国消费者协会则从消费者的角度，提出了绿色消费的三重含义：倡导消费者在消费时选择未被污染或有助于公众健康的绿色产品；在消费过程中注意到对垃圾的处理，不造成环境污染；引导消费者转变消费观念，崇尚自然、追求健康，在追求舒适生活的同时注重环保、节约能源，实现可持续消费。

综观国内外学术研究中采用的绿色消费的定义，发现有的研究从行为出发，通过消费者购买和消费的商品来判断其是否属于绿色消费；有的研究则从价值出发，关注消费者是否具有环保理念；有的研究在探讨绿色消费时只涉及生活消费的领域；有的研究则采取更广义的定义，认为绿色消费也涉及生产和流通领域。本研究因立足全社会，采取相对广义的定义，即绿色消费既包括消费者的行为又涉及生产和流通领域。

2005 年 3 月在阿拉伯联合酋长国举行的"思想者论坛"大会上提出了"5R"原则，这也是目前绿色消费领域中较为公认的可持续消费理念。该原则主要包括以下内容。

再思考(rethink)：改变旧经济理论。新经济理论的重点是不仅研究资本循环、劳力循环，也要研究资源循环。生产的目的除了创造社会新财富以外，还要保护被破坏的最重要的社会财富，维护生态系统。

减量化(reduce)：除了原有的改变旧生产方式，最大限度地提高资源利用效率，减少工程和企业土地、能源、水和材料投入的概念外，还延伸到减少第二产业的城市化集中方面。在提高人类生活水准中合理地减少物质需求，如水资源以供定需、节水为主、调水为辅。

再使用(reuse)：除了原有的尽量延长产品寿命、做到一物多用、尽可能利用可再生资源、减少废物排放的概念外，还延伸到企业和工程充分利用可再生资源的领域，如尽可能利用地表水、太阳能和风能。

再循环(recycle)：除了原有的企业生产废物利用，形成资源循环外，还延伸到经济体系由生产粗放的开链变为集约的闭环，形成循环经济的技术体系与产业体系，如土地复垦、中水回用和余热利用。

再修复(repair)：不断地修复被人类活动破坏的生态系统与自然环境。我们不仅要减少排污使其逐步接近零排放，而且要承担修复生态系统的任务，如建设生态科技园区和循环经济城市。

(二)基于我国生态文明理念与发展方向的绿色消费特征

我国的绿色消费理念需要紧扣我国的生态文明理念，同时与我国发展现状及发展方向一致。因此，我国提倡的绿色消费理念与已有相关定义不尽相同。

生态文明建设理念要求人类在继续发展的过程中关注自身对自然的影响，追求与自然的平衡与和谐，追求可持续发展，这与已有研究中绿色消费的目标是一致的。进一步的，由于生态文明建设中"全面促进资源节约""控制能源消费总量""促进生产、流通、消费过程的减量化、再利用、资源化""以最少的资源消耗支撑经济社会持续发展"的要求，生态文明理念下的绿色消费应充分体现"惜物"思想。

"惜物"，即珍惜自然赋予的各种物质资源，包括不可更新的化石燃料、存在再生能力限制的各种临界带资源(鱼类、森林等)，以及大气、水等。对于不可更新资源与临界带资源，一旦使用就无法再生或难以迅速恢复；对于大气、水等，尽管不会被消耗，但人类若任意污染，依然会产生较难修复的破坏，如近年来较严重的$PM_{2.5}$问题。综上，各种物质资源都无法承受人类无休止地掠夺，需要珍惜使用。

然而在人类发展的过程中，对物质资源的使用与干涉是难以完全避免的。此时，所谓的"惜物"，是指每使用一份资源能源，都要尽可能让它实现更多的价值；或者说每消费一份资源，都要得到尽可能多的效用。从这一角度说，单位 GDP 能耗较高就是没有很好地做到"惜物"，没有实现资源的全部价值；而降低单位 GDP 能耗，则是在一份能耗资源上创造了更多的价值，是物尽其用，珍惜了资源能源。

同时，我国绿色消费模式应当与发展目标一致，即在提倡绿色消费的同时要能够协同我国总体发展。习近平总书记所提出的到 2020 年全面建成"小康社会",到 2049 年实现中华民族伟大复兴的"中国梦",从实质上来说就是找到一条如何在有限资源约束下建设美好家园,实现中华民族的富足、强大和幸福的发展路径,与绿色消费模式所倡导的主要理念相一致。

第七章　我国实现"中国梦"的发展途径

我国的绿色消费模式就是要符合生态文明中的"惜物"思想,这与我国实现"中国梦"的目标完全一致,即实现"国家富强、民族振兴、人民幸福"。从这一目标出发,下面对我国未来生产与消费的发展方向进行研究,从这一角度提出实现"中国梦"的发展路径,以得到符合我国国情的绿色消费模式。

一、我国实现中国梦的发展目标

我国下一阶段的发展目标是实现中国梦、全面建成小康社会,实现"国家富强、民族振兴、人民幸福"。基于这一目标,对我国发展模式有如下要求。

首先,我国经济需要持续发展。在现发展阶段,我国依然是一个发展中国家,提高经济发展水平依然是发展的第一要务。因此,之后的发展模式首先必须能够保证我国经济的继续发展。这要求之后的发展模式能够有新的经济增长点、持续的经济增长动力。

其次,我国的经济发展模式应当是在有限的资源供应、有限的环境容量下实现的发展。我国资源相对匮乏,且环境已存在大量问题。在接下来的发展中,不能延续现在的"高投入、低产出",依靠大量的资源消耗与环境污染来博取经济增长的发展方式。而应该在生态文明建设的思想下,珍惜资源环境,使每一份资源都能创造出尽可能多的价值。

最后,我国的经济发展模式需要能够提升居民幸福感。我国的发展目标是保证国民的幸福。因此经济的发展、环境的治理都不应当与提升居民幸福感相悖。

综上所述,我国下一阶段的发展目标应当是能够保证经济持续发展、与资源环境保持友好、居民幸福感提升。所倡导的绿色消费模式也需要能够符合以上三点。

二、消费与幸福感的关系

许多人认为,绿色消费必然伴随着消费量的下降,需要以幸福感的牺牲为代价。但基于前文分析,我国提倡的绿色发展模式应当同时能够提升居民幸福感。因此,需要对消费与幸福感的关系进行分析，试图找到符合我国发展理念的绿色消费模式的实现形式。

（一）幸福感的衡量方式

工业革命以来，技术与管理的进步大大刺激了全球经济的增长。尤其是第二次世界大战以后，西方各国经济的发展和物质财富的积累达到了相当高的水平。人们普遍认为，收入增加可以使个人享有更多的物质财富，因此带来更高的幸福感。联合国经济和社会事务部统计处公布的国民生产总值（GDP）压缩了整个庞大的国民经济，成为衡量经济总量或社会福利的最重要标尺。

然而，由于各国对 GDP 指标的过分强调，其负面性日益冲击着经济、社会、资源、环境之间的和谐与平衡，阻碍了人类社会的可持续发展；此外，伴随着经济的增长和人们收入的提高，更多的财富却并没有带来更大的幸福。在现实生活中，物质财富带来的效用并不一定与幸福感呈正相关关系——世界上幸福感最强或幸福水平最高的国家并非经济最发达国家，有钱人也未必比穷人更幸福。越来越多的政策制定者和学术界的专家学者开始重新审视并批评这一"普世性"的计算体系，许多人主张将"GDP 请下神坛"，用关于经济增长和发展与社会进步的衡量及核算之间的新标尺，发展出足以补充 GDP 体系，并作为评价社会福利与发展的新的指标体系。

2012 年 4 月，联合国首次发布《全球幸福指数报告》，旨在比较全球 156 个国家和地区人民的幸福程度。整份《全球幸福指数报告》长达 150 页，时间跨度为 2005～2011 年，该报告采用的评价标准包括九大领域：教育、健康、环境、管理、时间、文化多样性和包容性、社区活力、内心幸福感、生活水平。在每个大领域下，又分别有 3 或 4 个分项，如教育领域下有读写能力、学历、知识、价值观等，总计 33 个分项。在最新一期的报告中，丹麦、挪威、瑞士、荷兰和瑞典是幸福指数最高的前 5 个国家。美国排名第 17 位，英国列第 22 位，德国列第 26 位，日本列第 43 位，俄罗斯列第 68 位，中国列第 93 位。

以上这些研究反映出，GDP 对于人类发展的重要性的确有可能被高估了。经济增长固然重要，但是社交网络、对健康生活的期许、政治自由度、文化包容性及杜绝贪腐的力度等对人类整体幸福感的获得或提升同样不可或缺。

由于国家、民族和文化差异，人们对"幸福"的理解与认同往往存在差异，为了避开人们对幸福概念无休止的争论，基于共同的平台探讨幸福问题，并且能以实证的方法测量幸福、比较幸福、研究幸福和其他因素的关系，心理学家提出"主观幸福感"的概念来代替幸福概念。

所谓"主观幸福感"，就是人们对生活状态的正相情感的认知评价，具有三个特点：一是主观性——依赖于本人的标准而非他人评价；二是整体性，它是一种综合评价，包括积极情感、消极情感、生活满意度三个维度；三是稳定性，尽管每次测量都会受到当时情绪和环境的影响，但长期会趋于一个相对稳定的量值。

概括来说，影响主观幸福感的因素可概括为以下三个层面。

(1) 社会因素

处于不同社会环境中的人会将所在社会特有的文化特征内化为自身观念，从而影响其评价和判断，主观幸福感也会因不同的文化背景而产生差异。综合国内外主观幸福感与文化关系研究成果，主观幸福感的实现既有文化共性也有文化特殊性。国家之间的平均主观幸福感存在着稳定的差异，同一国家内不同民族间幸福感也存在差异。

(2) 家庭因素

从对青少年的研究中发现，他们的满意感或不幸福的感觉与所体会到的家庭气氛相关。家庭的稳定、成员间的相互关怀、没有明显的家庭矛盾是青少年总体满意度的预期因素。而青少年体会到的家庭结构松散、父母关系欠佳和严重的家庭矛盾，都是他们产生不幸福感觉的预期因素。家庭气氛对幸福感的影响从属于婚姻质量，对大多数人来说婚姻关系是最重要的人际关系，也是影响主观幸福感的一项因素。

(3) 个人因素

外部因素对幸福感解释力极为有限，人口统计变量只能解释个体主观幸福感差异的一部分。人口统计学因素(如教育、年龄、社会地位、婚姻)仅能说明主观幸福感 20% 以下的变异。利用 2003～2010 年中国综合生活调查数据对国民幸福感进行了跟踪性研究，人口学变量也反映出群体间的一些信息。

(二) 不同消费模式下幸福感分析

从管理学的角度，我们一般认为存在如下三个消费结构阶段。

初级阶段：缺衣少食，但求温饱，注重"量"的增长。此阶段人们的生理性需求占主导地位。正如恩格尔定理所指，随着收入水平的提高，食品支出在总支出中的比例持续下降。人们的消费从吃开始向穿、用转移，促进了轻工业的发展。这一阶段，消费者追求的是量的增加，即扩展消费品的种类和数量。

中级阶段：注重个人物质享受，追求"质"的提高。此阶段，人们已经实现从温饱到小康的过渡，重视消费品的便利和机能，这意味着人们要逐步增加耐用消费品的消费，同时国民收入水平的提高为资本的积累提供了条件，这是重工业发展在需求结构上的依据。

高级阶段，对消费的关注点从私人扩展到社会领域，追求个性和他人尊重。这是一个追求时尚与个性的阶段。个人成就动机和受到他人尊重的心理需求，对第三产业的供给提出更高的要求，促使了产业结构的调整升级。在此阶段，人们的物质生活已经较为丰裕，精致生活成为主导的消费动机。此外，人们的关注点开始从私人领域扩展到社会领域，公共服务产品的质量日益受到重视，如生态环境、交通设施等。

这三个消费结构阶段又对应 4 种消费模式。其中初级阶段对应生存型消费模式，这一阶段的生产力水平比较低下，人们的收入除了解决温饱之外捉襟见肘，农业在产业结构中处于主导地位，由于农业生产的增长率较低，生存型消费模式的自然资源消耗偏高。而匮乏的物质生活导致人们的幸福感偏低。

中级阶段对应发展型消费模式。这一阶段人们的温饱问题基本解决，消费者的目标倾向于物质享受，耐用消费品的消费明显提高。此时，工业开始取代农业成为主导产业。由于工业的增长率较高，相对而言，这是一个低自然资源消耗的消费模式。然而，后文关于幸福感的研究会详细论证，在温饱线以上，物质享受并不能带来持续的幸福。因此，发展型消费模式的幸福感偏低。

高级阶段的消费者物质生活已经较为丰裕，因其价值取向的差别而有两种不同的消费模式，分别在量和质的两个维度上进一步扩展消费。一是炫耀性消费模式，此种消费模式在量的层次上进一步扩展消费，如饮食追求大鱼大肉，不惜铺张浪费；住房上追求大面积，以获得"金钱体面"。这是一种高消耗高幸福感的消费模式。二是精致适度的绿色消费模式，此种消费模式在质的维度上进一步扩展消费，并且更注重提高人的素质和所处人群的整体素质。实现这样的幸福感就不仅是提供高质量精致产品，还包括享受各种文化、教育、体育、交往，同时也追求优美环境、和谐的社会关系。这是一种低资源消耗高幸福感的消费方式，也正是在生态文明下人类应该追求的与自然环境之间的关系。4 种消费模式与自然资源消耗及幸福感的关系如表 7-1 所示。

表 7-1　4 种消费模式与自然资源消耗及幸福感的关系

消费模式	自然资源消耗	幸福感
生存型消费模式	低	低
发展型消费模式	高	低
精致适度的绿色消费模式	低	高
炫耀性消费模式	高	高

三、我国未来发展模式分析

我国经济发展先后经历了"两头在外、对外加工"（20 世纪 80 年代、90 年代）、"出口导向"（90 年代中期至 2000 年）及"大房大车"（2000 年后至今）的经济发展模式，实现了我国经济的飞速发展，综合国力的迅速提升，以及人民生活水平的显著改善，但这一增长已难以持续。我们计划在 2020 年，GDP 水平能够翻一番，初步实现"小康"，并在 2049 年前后建成更高水平的小康社会，为了实现这一目标，今后我国的经济发展模式应该是什么？现在有三种模式。

第一种模式是延续现有的经济发展方式，继续扩大进出口、扩大生产，以产品数量带动 GDP 的增长。

第二种模式是大力建造房屋、发展汽车业，引导居民购买更大的房屋、更好的汽车，增加物质消费，靠类似于美国的"大房大车"模式，实现经济的持续增长。

第三种模式是努力提高产品中的劳动力附加值，不是靠量的增长，而主要通过质的增长来实现经济的持续增长，实现精品消费，并大力发展非物质类服务型产品，如文化、体育、教育和交往，全面提升人的素质；同时，改善贫困群体状况，使整个社会更加和谐，治理大气环境和水环境，使百姓享受到绿水蓝天。通过这些途径大幅度提高人民的素质和幸福感，最终在能源消费量并没有巨大增长的前提下，实现小康的目标。

在第一种模式下，进出口与投资依然是带动经济发展的主要手段。同时，资源环境的消耗程度难以大幅下降。图 7-1 为我国近年来 GDP 构成。这一发展模式可以在一段时间内保持 GDP 的增长，同时外汇储备也会持续增长。但是，这一发展模式在很大程度上依靠的是我国现有的廉价劳动力，以及低廉的环境污染与资源消耗代价，单纯地以"数量"来拉动 GDP，而很难实现对广大居民幸福感的真正提高。如果继续实行这样一种发展模式，我国的劳动力价值难以提高，所处的低端的产业链位置难以改变，我们将继续替发达国家承受污染，同时向他们提供廉价劳动力。因此，在这样的发展模式下，我国内需市场难以增加、居民消费率在这一角度上难以提升，同时能源消耗持续上升，环境污染也持续恶化。同时，在我国经济持续发展的情况下，居民生活水平不断提高，难以一直保持劳动力价值低廉的"优势"，如果没有其他优势，则必然会在国际市场中失去竞争力，此时 GDP 的增长将难以持续。

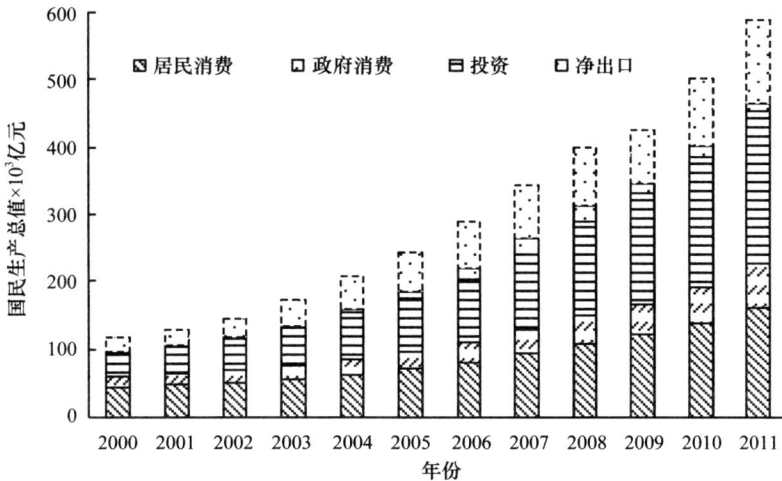

图 7-1 我国 GDP 构成

数据来源：《中国统计年鉴》

在第二种模式下，由于房屋、车辆的大量制造，GDP 也会有所上升。但居民的其他消费水平由于房屋、车辆的巨大压力仍然无法得到提高。同时房屋、车辆都是对资源环境影响较大的消费品，这一发展模式会对资源环境产生巨大影响。这样发展的结果，尽管短期内使 GDP 得到了增加，但大气环境和水环境日益变差，交通拥堵，各种资源日益匮乏，百姓赖以生存的食物、空气、水的安全性和质量日益恶化，由于全社会的兴趣都集中于"大房大车"，文化丧失、素质变差，再加上贫富两极分化的加大，社会失去和谐，绝大多数百姓的幸福感反而下滑。这绝不是我们所追求的中华民族的未来。

在第三种模式下，由于居民购买了质量好的产品、增强了精神层面的非物质消费，总的居民消费率得到提高，GDP 的增长也更多地依靠"质量"，而不是单纯的数量堆积。同时，优质产品与非物质服务性消费品的发展都与生态文明建设的思想相契合，也都能够提升居民的生活水平与幸福感。如果采取这一种发展模式，将会在一定程度上打压房地产与汽车产业，同时需要大力发展文化产业，大力发展精品制造业，并且在全社会开展文化建设、树立"精品"意识。这种模式能够全面提高各种日常消费品的劳动力附加值，把社会消费集中在高劳动力成本、低资源成本的产品上，同时通过非物质消费和精品消费全面提高中华民族的素质。这是一种依靠"质量"来提升 GDP 的发展模式，力图在相同的物质消耗下产生尽可能多的 GDP。这样的发展模式可以给我国产业带来新的竞争优势，也正是生态文明建设中"惜物"的思想。这样才使得在经济继续发展的同时不给资源环境增加负担，从而真正实现持续发展。由于在这种发展模式下，居民能够消费质量更高、更为精致的消费品，又由于消费非物质消费品提升了自身素质，对居民的整体幸福感与生活质量都大有裨益，同时还能够促进国家软实力的提升，提高我国在国际上的地位，从而真正实现社会经济发展、人民素质提高，增强国家实力。

我国未来发展，GDP 增长不能继续依靠投资与进出口，不能继续依靠单纯的数量增长，因此，第一种，即现在的发展模式，显然无法满足这一可持续发展的要求。第二种模式下依然是依靠数量来增长 GDP，且居民消费率由于房屋车辆导向的巨大压力难以得到提高。同时，这种模式会持续现在的高资源消耗、高环境污染的状况，与生态文明建设的思想不符，在我国资源紧缺、环境恶化的情况下也无法承担。而第三种模式可以依靠质量提高 GDP，同时降低资源消耗与环境污染，且能够从总体上提升国民生活水平，是我们应当发展的模式。

增加产品的劳动力附加值，提高劳动力成本，可能会打压高资源低劳动力成本的廉价产品，在短期内将弱化我们的出口产品竞争力。但我国如果要持续发展，迟早都必须淘汰以廉价劳动力获取市场份额的方式，迟早都要进行产业转型，改变优势点，否则便会陷入经济停滞、贫富差距增大的困局。我国产业只有转型为低资源消耗、低环境污染、高劳动力附加值的产业，才能在 GDP 增长的同时使全体人民的幸福感同步增长。因此，增加产品劳动力附加值是我国经济持续发展，全面提高人民生活水平，尤其是低收入阶层生活水平，缩小贫富差距的关键。

在第三种发展模式中，还包括非物质消费的发展。目前我国的非物质消费数量并不多，质量也不高。但是，作为一个国家、一个民族，我们必须提升我们国民的整体素质，这在很大程度上依托于非物质层面的文化教育和体育消费。结合前文中对于这一方面消费的分析可知，我国居民普遍对这一方面的消费重视程度不够，同时还存在着一些认识与观念上的误区，与之相对应的是我国相关产业较为薄弱，相关基础设施的建设有待加强。因此，在这一发展模式下，对非物质消费的重视程度需要提升，这也需要相关的政策进行引导。

总的来说，这一种发展模式能够保证我国持续的经济发展，找到新的经济增长点，同时不给资源环境带来较大负担。要实现这一发展模式，需要完成三个转变：发展理念由量长转为质增，主要工作由基础设施的大量建设转为生态环境的治理营造，经济增长点由投资制造业转为教育、医疗等第三产业。与之对应的消费模式转变为：消费需求由量多变为质优，由对道路、交通等基础设施变为对整体生态环境，由基本的衣食变为精神层面的教育、保健等。

第八章　我国消费现状与存在的问题

为更好地评价我国消费现状，指出现存问题，本课题首先根据"惜物"理念提出了研究用以衡量消费或发展模式"绿色"程度的评价工具，然后使用这一工具对我国消费现状进行了分析与比较。同时，为了给出我国绿色消费的发展方向，对目前问题的成因与当前限制因素进行分析。

一、评价消费模式的工具

考量 GDP 可将其拆分为质的维度与量的维度，即 GDP=GDP 质×GDP 量。我国需要 GDP 的进一步增长，应该着重在质，还是着重在量？如果应该着重在质，则 GDP 的质如何衡量？

结合前文对我国未来发展模式的分析，我国下一阶段应主要提升 GDP 质的维度。而从生态文明"惜物"的思想出发，可以认为 GDP 的质体现在单位 GDP 消耗的物质成本上，单位 GDP 消耗的物质成本比例越低，则 GDP 的质越高。因此，可以将 GDP 消耗中物质成本的比例作为衡量 GDP 质的依据。

本研究定义劳动力附加值贡献率 L 来代表 GDP 的质，L 的提高意味着劳动力附加值的提高，即 GDP 质的提高。

例如，对住房、汽车及文化教育的劳动力附加值贡献率进行估算，可得到三种消费品的 L 值如图 8-1 所示。具体计算方法详见"专题一　资源环境影响的主要消费领域识别"。

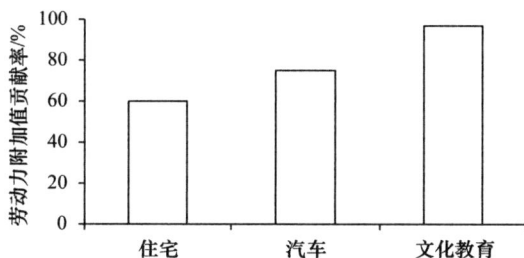

图 8-1　部分产品劳动力附加值贡献率 L 值

从图中可以看出，就住宅、汽车、文化教育三种消费方式来看，文化教育相对来说是劳动力附加值较高的消费方式。这与前文对未来发展模式中的讨论相一致，也将在后文对我国绿色消费模式的界定中进一步讨论。

二、我国消费领域现状与问题

（一）我国居民消费现状

1. 当前我国经济发展模式分析

如前文所述，与大部分发达国家相比，目前我国 GDP 中资源、能源的消耗所占比例较大，相对劳动力附加值贡献率 L 较小。图 8-2、图 8-3 为我国单位 GDP 能耗与自然资源对 GDP 贡献率与其他国家的比较。从图中可以看出，这两者我国均明显高于大部分发达国家，即与其他国家相比，目前我国的 GDP 主要依靠"量"，依靠资源与环境的消耗获得。结合其他数据对各国 GDP 的劳动力附加值贡献率 L 进行估算，得到中国的 L 值相对较低，如图 8-4 所示。

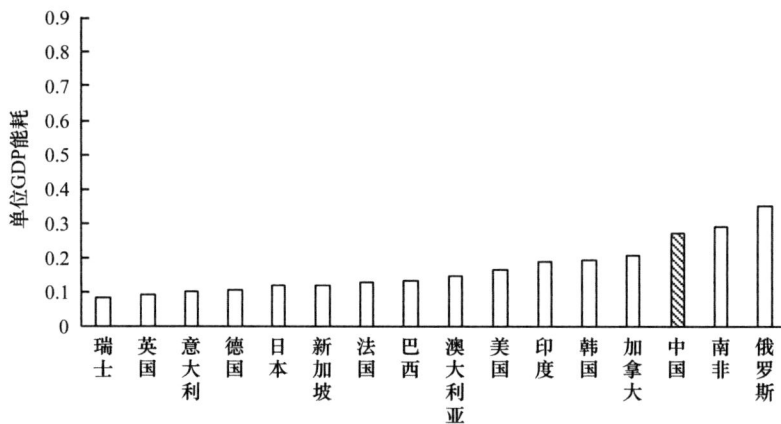

图 8-2　各国单位 GDP 能耗（为排除汇率影响，采用购买力评价法计算的 GDP，2005 年不变价）

数据来源：国际能源署数据库

不同行业劳动力附加值贡献率 L 不同。如图 8-5 所示为 2009 年我国部分行业的 L 值估算结果与建筑业、第二产业、第三产业的平均 L 值。从图中可以看出，目前尚为我国部分地区乃至全国的重要产业的黑色金属冶炼及压延加工业（简称"黑金冶炼"）、造纸业、化学原料及化学制品制造业（简称"化学制品制造业"）、石油加工

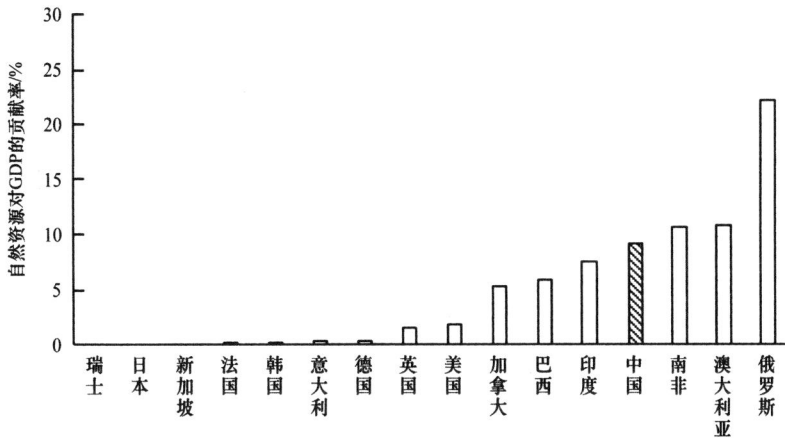

图 8-3 自然资源对 GDP 的贡献率（包括石油、天然气、煤炭、矿产、森林）

数据来源：世界发展指标数据库

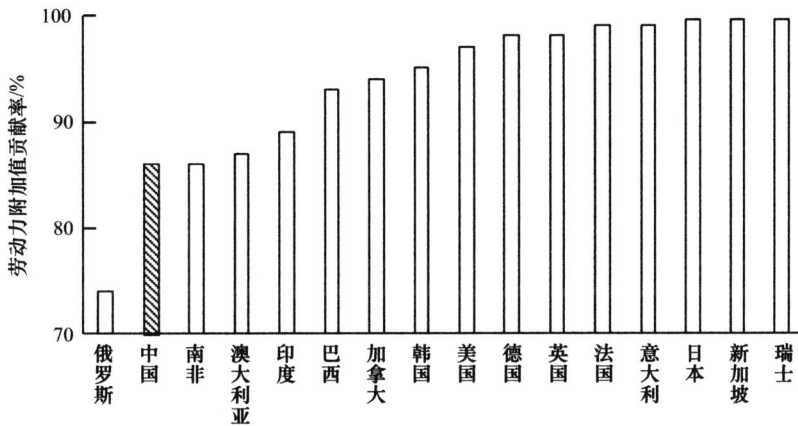

图 8-4 各国 GDP 中劳动力附加值贡献率 L

根据世界发展指标数据库及国际能源署数据库中的相关数据初步折算

炼焦及核燃料加工业（简称"石油加工业"）等均为 L 值相对较低的产业，即我国高 L 行业还有待继续发展。

此外，从图中可得，第二产业劳动力附加值贡献率总体低于第三产业。但我国第三产业占比相对其他国家较低，如图 8-6 所示。因此，要增加我国总体 L 值，需要努力提高我国第三产业比例。

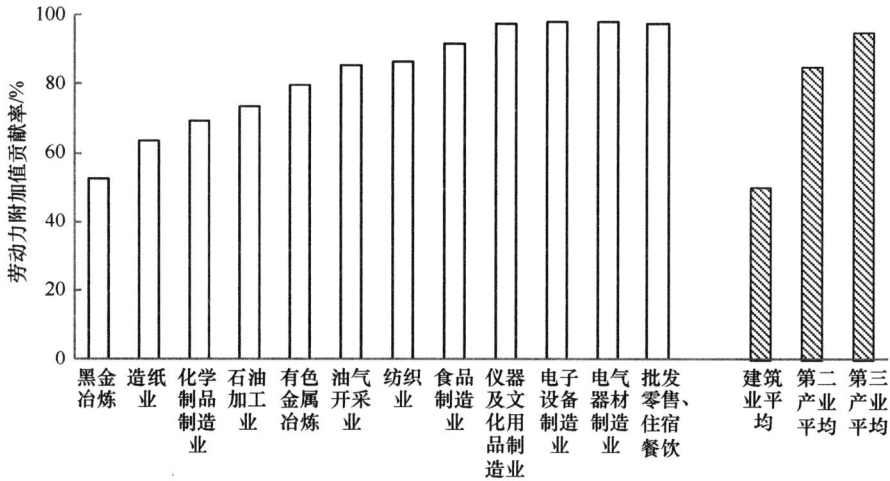

图 8-5　我国各行业劳动力附加值（2009 年）

数据来源：相关统计年鉴折算

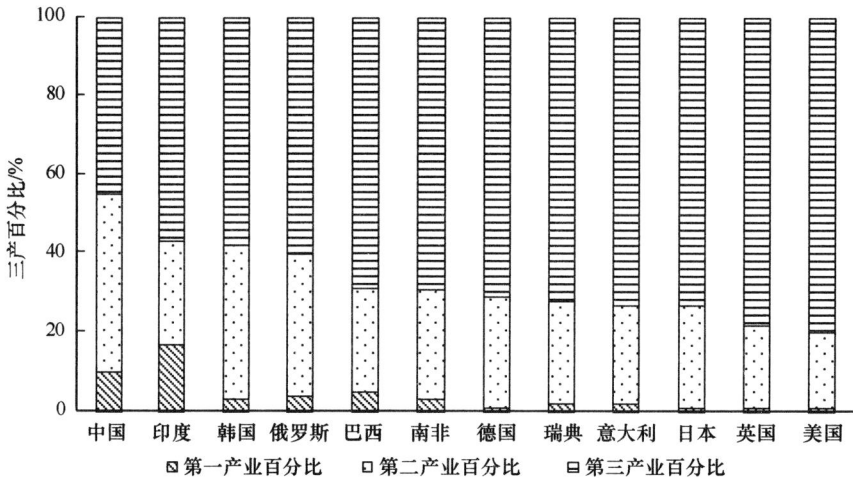

图 8-6　2012 年各国三产百分比

数据来源：世界发展指标数据库

　　建筑业平均劳动力附加值贡献率 L 相对较低，但目前在我国占了较大比例。2011 年，我国全社会固定资产投资中，64.3%用于建筑安装工程。我国目前单位 GDP 能耗偏高、碳排放高，重要原因是较多依靠城市建设拉动 GDP，导致钢材、建材等需求过高。2011 年，建筑运行能耗占总能耗的 19.7%，如图 8-7 所示。而建筑与基础设施建设所需的钢材、建材等的营造能耗占总能耗的 36%，即建筑业整体能耗约占我国总能耗的 56%，如图 8-8 所示。

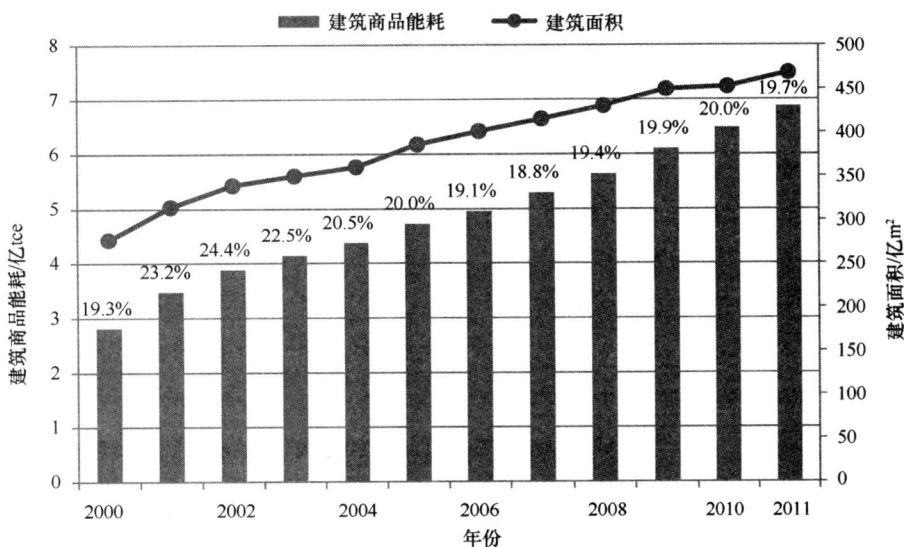

建筑能耗=建筑终端能耗+集中供热系统中各个环节能源损失

图 8-7 我国建筑运行能耗现状

数据来源:《中国建筑节能年度发展研究报告》

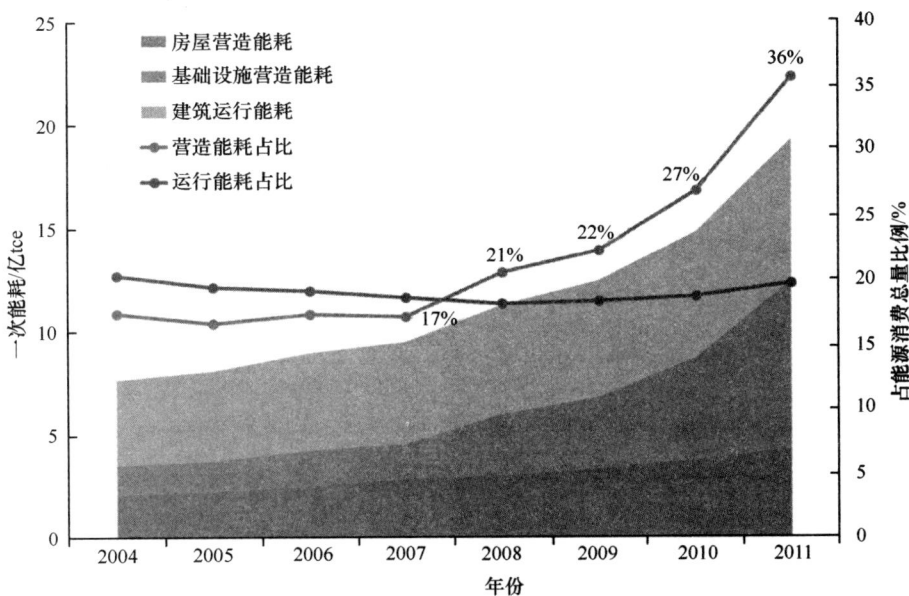

图 8-8 我国建筑营造与运行能耗

数据来源:根据相关统计年鉴、《中国建筑节能年度发展研究报告》相关数据折算

在同一行业中,存在同一种产品的价格有巨大差异,这一差异主要在于劳动力附加值贡献率 L。目前我国大量产品的 L 值较低,商品价值中主要是资源能源的贡献。例如,同样厚度、大小的合页,国产的价格为 5 元/付,德国产的为 100 元/付,

折算两者的 L 值，国产的约为 60%，德国产的约为 95%。即两者的价格差异主要为劳动力附加值贡献率的差异。而 5 元合页的使用周期往往低于 100 元的合页，因此从全生命周期的角度来说，5 元合页消耗了更多的资源，不符合生态文明的指导思想。

2. 我国居民消费现状与比较

从统计数据来看，1980～2010 年，我国城乡居民的恩格尔系数大幅下降，如图 8-9 所示，消费的主要支出从食品转向了其他消费品。通过比较 1996 年与 2001 年这两个时点数据(图 8-10)可以看到，在我国城乡居民的食品消费占比显著下降的同时，医疗保健、交通通信等服务类消费的占比则显著提高，尤其是农村地区，其交通通信消费占比由 7.01% 攀升到 12.06%，医疗保健支出则由 5.67% 上升至 9.49%。由以上的消费结构变化可以看出，我国居民的消费模式已经渡过了初级阶段，步入中高级阶段。

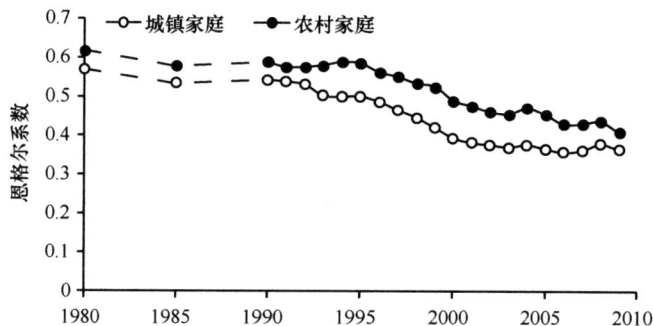

图 8-9　我国居民恩格尔系数变化

数据来源：2011 年中国统计年鉴

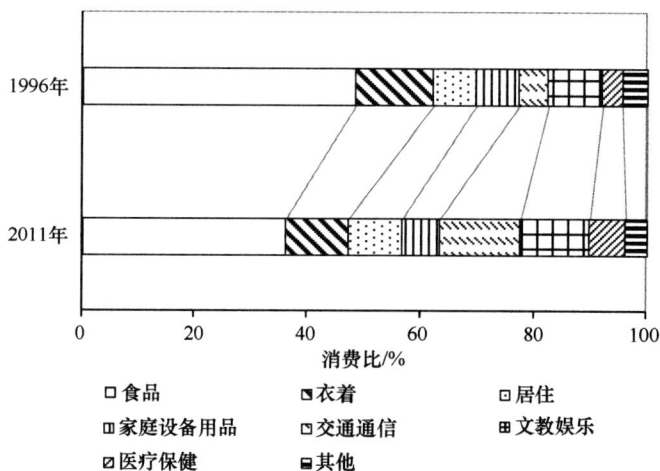

图 8-10　中国消费结构变化

数据来源：《中国统计年鉴 2012》。此处居住消费未包括够买房屋及自有房屋折算租金而横向比较我国与其他发达国家居民的消费模式，可以看出近年来我国居民在食品消费的数量和品质上已经与发达国家居民非常接近，如图 8-11 所示。然而在其他消费品上，我国居民较倾向于购买价格较为便宜的、"物美价廉"的产品，这些产品往往质量较差、使用寿命较短。质量差、使用寿命短的产品与质量好、使用寿命长的产品消耗了相似的资源环境，但后者由于使用寿命长，从全生命周期的角度来言，自然资源消耗反而相对较少。因此，对于"物美价廉"这一类产品的需求与我国生态文明建设的理念并不符合，需要进行改变。我国多年来处在物质消费品相对匮乏的状态，为了满足多数居民的基本需求，提倡"物美价廉"，鼓励生产低成本产品以满足大多数人的需求，已经成为一种文化。而目前经济状况已经得到根本转变，90%以上的居民已完全满足基本的温饱需求，进一步需要的是"质"的提高而并非"量"的增加。长期形成的文化惯性继续追求"物美价廉"的低成本产品和居民对量的持续追求，实际上与生态文明的理念不符。我国在生产和消费领域都需要开始从追求量向追求质的转变。对于 10%尚不能满足温饱的居民，应该通过社会补贴救助机制解决他们的基本需求，并且向他们供应高质量产品，不能为了满足 10%贫困人口的需要而持续发展低成本低质量产品，影响整个经济的转型发展。"劳动力成本低"表明从事这部分的劳动者收入低，维持他们生存的是一种低质量生活。我们建设小康，并建成更高水平的小康社会，使整个中华民族都富足起来，就包括改善这部分劳动者的生活质量，也就是改变这种劳动力成本低的现象。因此"劳动力成本低"决不能引以为自豪，而是应该努力摘掉的贫困帽子，"高劳动生产率"才是我们需要

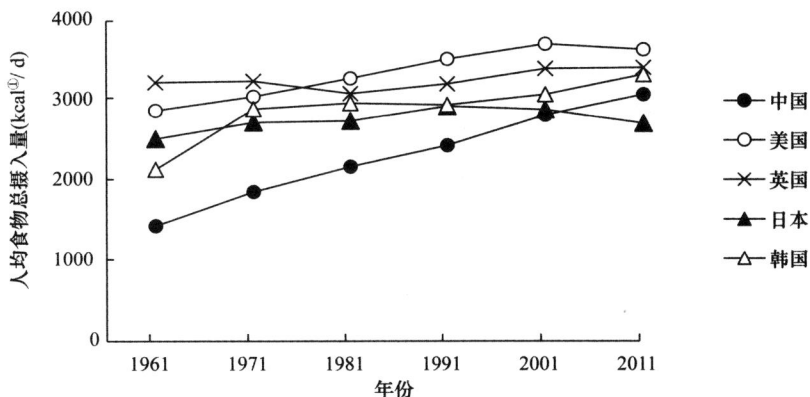

图 8-11 各国人均食物总摄入量变化

数据来源：世界粮食及农业组织统计数据库

① 1cal=4.184J

努力追求的。高劳动生产率需要高素质劳动者，而从某种意义上看，高素质劳动者需要高质量消费品来培养。

此外，实证研究表明，现阶段，居民更倾向于房屋与汽车的消费，精神层面的非物质消费远远不够。例如，仅住房消费而言，2013 年，我国居民商品住房销售额为 6.7 万亿元，而同年居民消费总量仅为 21.2 万亿元，再加上二手房销售额，我国住房消费约占总消费的 30%。过度的追求"大房"与"多套房"，尽管短期保证了国内生产总值的增长，但这样不仅消耗了大量的资源用于几乎无任何用途的空房屋，造成巨大浪费，还严重阻碍社会消费理念的转变。而这一文化消费理念的转变是我国实现经济转型和持续发展的文化基础和社会基础。同步对比其他发达国家，可以看到，随着经济与社会的发展，我国文化消费的水平虽然已经有所提高，但与美国、日本等发达国家相比仍有巨大差距，如图 8-12 所示。虽然目前我国人均物质方面消费差异已经变小，但人均服务和文化消费相差仍十分巨大，是我国与发达国家居民人均消费差异的主要原因。

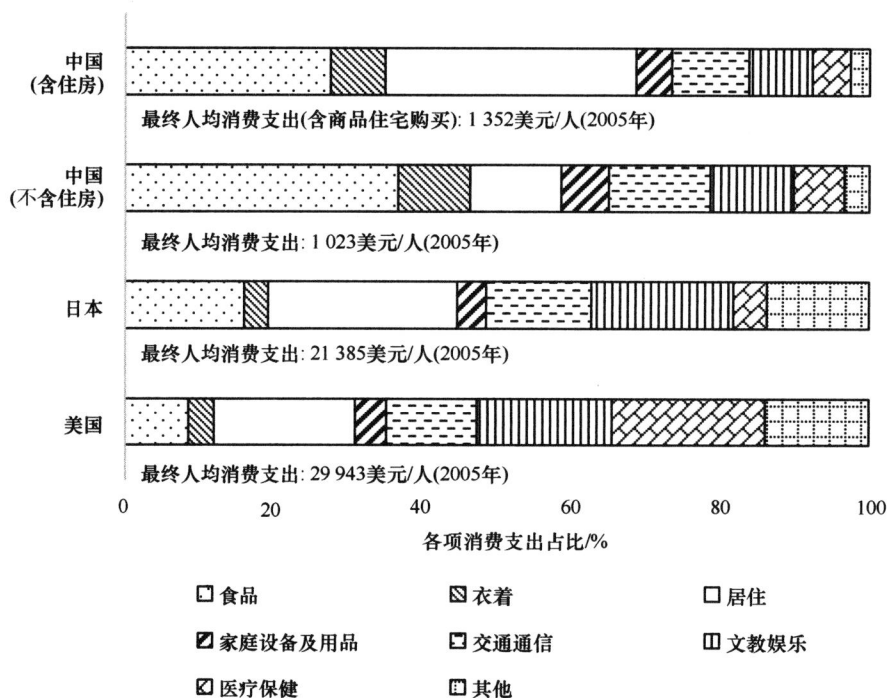

图 8-12　中外消费结构比较 (2010 年)

数据来源：世界发展指标数据库、经济合作与发展组织数据库、《中国统计年鉴》；此处美国、日本的住房消费包含自有房屋折算租金，我国住房消费未包括此项，此处加商品房销售额作为参考

3. 当前我国各领域能耗现状分析

2012 年，我国能源消耗总量为 34.8 亿 tce，其中工业消耗占 72%，建筑消耗占 20%，交通消耗占 8%。与其他国家相比，我国消费领域（建筑、交通）所占的能耗比例较低。各国人均终端能源消耗量与消费领域占比如图 8-13 所示。从图中可以看出，目前我国人均终端能耗与世界平均水平相当，但远低于经济合作与发展组织（OECD）国家。同时，我国消费领域能耗占比很低，而工业领域能耗占比却远高于发达国家。

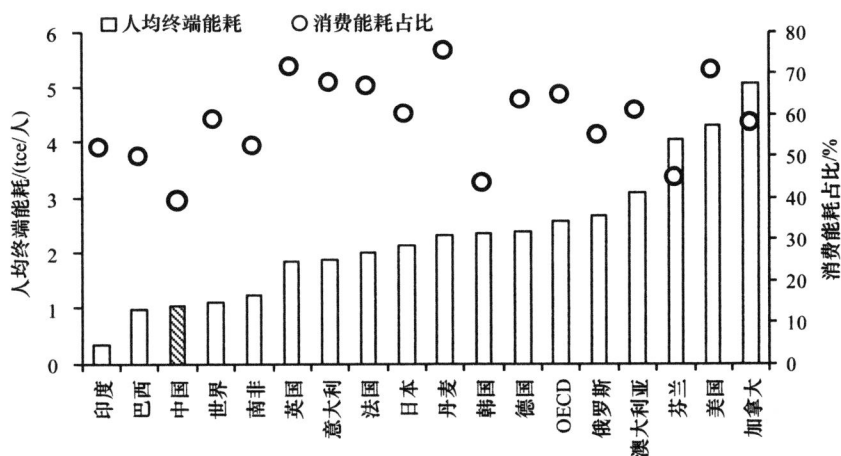

图 8-13　各国人均终端能耗与消费领域能耗占比（2011 年）

数据来源：国际能源署统计数据库

如图 8-14 所示为我国与其他国家的交通、建筑领域人均终端能耗。从图中可以看出，交通领域我国人均能耗远远低于其他国家，也低于世界平均水平；建筑领域我国人均能耗低于 OECD 国家，但与世界平均水平相当。

消费是生产的终点与起点。工业生产的产品最终大部分都将用于消费。目前，我国生产领域能耗较高，一方面是因为我国目前承担了"世界工厂"的角色，为全世界生产消费品；另一方面也与我国目前产品中劳动力附加值较低有关。

考虑一个家庭的消费。如图 8-15 所示为家庭年均消费的各项比例。从图中可以看出，目前对我国一个家庭而言，"住"的部分，即建筑方面是能耗最大的；其次为"行"，即交通的部分。衣、食、用三部分约占一个家庭消费的 18%，而这一部分能耗主要是在工业部分消耗的。

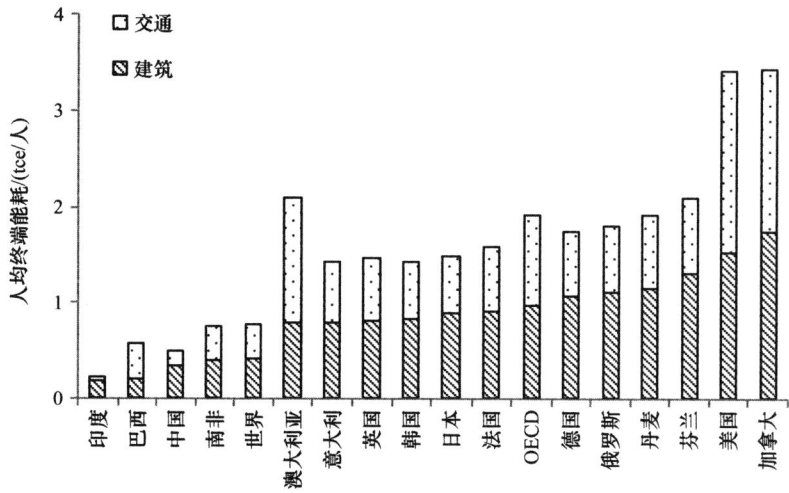

图 8-14　各国人均建筑、交通领域能耗（2011 年）

数据来源：国际能源署统计数据库

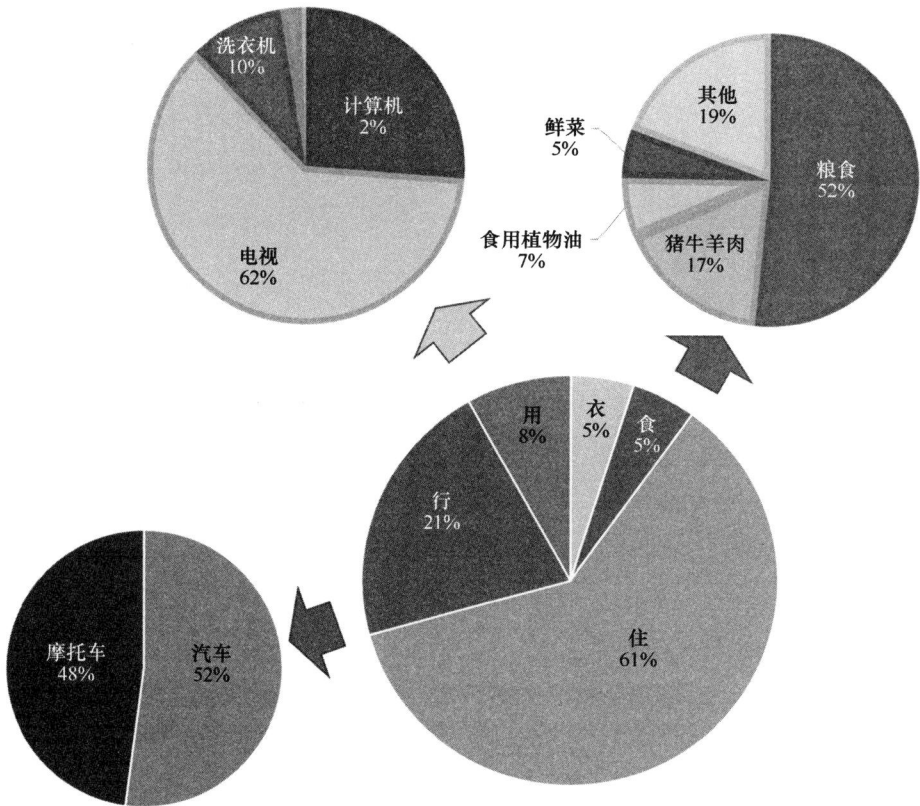

图 8-15　我国居民家庭年均能源消耗的比例

考虑到建筑与交通、日常衣食用这两部分的消费特点，自然资源消耗来源有所不同，且之后的发展趋势亦有所差异，本研究在后文的详细分析中将两者分开进行讨论。

(二)我国居民消费与幸福感的实证研究结果

为了了解我国居民目前的消费结构现状，本研究使用 2011 年中国家庭金融调查 (Chinese Household Finance Survey)和 2013 年中国民生问题调查研究数据，对居民主观幸福感和消费之间的关系进行探索。

这两项调查都显示，无论是从幸福感分布还是分值来看，我国居民超过半数是自感幸福的。2010 年，总体上有 63.32%的居民感觉生活幸福或非常幸福，有 30.16%的居民感觉一般，只有 6.52%的居民自感生活不幸福或非常不幸福。

在本研究所使用的两个数据分析中可以看出，家庭在食品、衣物和日用品方面的绝对支出对居民幸福感的影响不大。总体上，我国城镇居民的消费结构实现了优化升级，不同收入层级家庭消费结构分别依次从生存型向温饱型、小康型、富裕型及最富裕型有序演进。已有经验研究表明，到 2012 年，各收入层级家庭的恩格尔系数不断下降，最高收入家庭的恩格尔系数低于 30%，进入最富裕序列；中等级以上收入水平家庭的恩格尔系数低于 40%，达到富裕序列的标准；即使城镇困难户和最低收入水平家庭，2010 年的恩格尔系数也分别为 47.32%和 46.15%，处于小康水平。居民收入水平越高，食品消费占总支出的比例越低，因此吃已经不只是居民的基本需求，人们更加注重菜肴的营养价值和质量，享受美食成为人们享受生活的首要选择；在衣着方面，随着收入等级的变化，衣着消费也发生着显著的变化。人们更加注重生活上的物质享受，更加注重个人形象，因此在衣着消费上追求时尚和注重美观，时装化、名牌化、个性化发展的倾向更加明显；在家庭设备用品及服务方面，收入等级越高，家庭设备用品和服务消费占总支出比例越高，一些新兴的家用耐用品正在取代传统电器的位置成为现阶段的消费热点。

在这种消费趋势下，应及时推进居民选择更加环保、健康且凸显生活品质的消费品。事实上近年来，由于资源过度消耗所带来的污染和资源匮乏的威胁，公众的消费情绪和生活态度都发生了很大变化。如何高质量健康生活，且不对自然造成破坏的内敛消费成为很多人的新生活理念。

第三产业的发展是科技进步、生产力发展、人类物质和文化生活提高的必然产物，其发展水平则是衡量现代社会经济发达程度的重要标志。第三产业综合性强、牵涉面大，涵盖休闲娱乐、文教体育等形式，囊括商品消费、旅游服务消费和文化消费三个领域。本研究中，从消费结构来看，第三产业所带动的消费所占比例较低。不论是非农业户口家庭还是农业户口家庭，家政服务费用支出都非常低。不同类型地区的家庭也有着多样化需求：对于农业户口家庭来说，发展丰富的文娱活动极为重要；对于非农业户口家庭来说，旅游探亲对于居民幸福感有着促进作用。文化娱乐、旅游探亲等活动涉及多个行业的共同配合，如旅游业、运输业、商业、服务业、通信业等行业，一系列相关的消费活动产生的"连锁效应"有利于经济的发展。这些都对发展服务业提出了明确要求。

与此同时，也应警惕在发展初期可能出现的市场基础配置作用失灵的情况。例如，因经营者和消费者由于信息不对称导致的资源配置失调；"黄金周""小长假"导致短时间内人流、车流、物流、财流等诸多资源聚集于某一个场所，市场爆冷爆热；地方政府和景区的管理者将自然生态资源当成"摇钱树"，过度开发、掠夺经营，造成对旅游景区、景点的生态环境破坏等一系列问题。政府应在保证市场资源配置的基础作用的前提下，充分发挥宏观调控作用，如规划和强化基础设施建设、完善综合服务体系等，以保证服务业经济的可持续发展。

政府支出包括政府消费、转移性支出和政府投资三个部分，政府消费和转移性支出对居民消费都有直接影响，特别是与公共服务相关的政府消费和转移性支出对居民消费的影响尤为明显。国际经验表明，政府在教育、医疗卫生、社会保障等公共服务方面支出的增加，不仅可以部分替代居民在这方面的消费，间接增加居民收入，而且会减少居民对未来不确定性的担心，进而增加其他消费。

2011 年中国家庭金融调查和 2013 年中国民生问题调查反映出，教育和医疗卫生方面的消费已成为我国居民家庭生活的重担，给百姓生活带来了很大的消极影响。2011 年的调查显示，教育培训方面的支出对居民幸福感有负向影响。这是因为，从家庭消费来看，教育水平的提高是以教育支出的增加为前提的，而教育支出的增加又意味着对其他方面的挤占。例如，住房、交通、医疗及其他可以改善生活质量的支出，投入到教育的成本越多，自然就要相应减少投入到其他方面的支出，继而影响了幸福感的提高。

对 2013 年的调查数据则区分了"绝对支出"（教育和医疗方面的实际消费）和"支出收入比"（教育与医疗卫生支出占家庭年收入的比例）。结果发现，不论是农业户口家庭还是非农业户口家庭，家庭在教育和医疗方面的绝对支出对于幸福感都没有显著影响；但是，支出收入比和幸福感之间的关系分析则显示，教育和医疗的相对支出对于居民幸福感都有极为显著的影响：相对支出越高，居民对生活感到满意的可能性越低，这在农业户口家庭和非农业户口家庭均有所体现，对农业户口家庭的影响尤为明显：虽然农业户口家庭在教育和医疗方面的绝对支出少于非农业户口家庭，但是如果考虑到家庭年收入情况，农业户口家庭在医疗与教育方面的相对支出比例更高，负担远大于非农业户口家庭。从比值来看，农业户口家庭在这两项上的支出占到了收入的近70%，是非农业户口家庭支出与收入比的1.5倍，如图8-16所示。

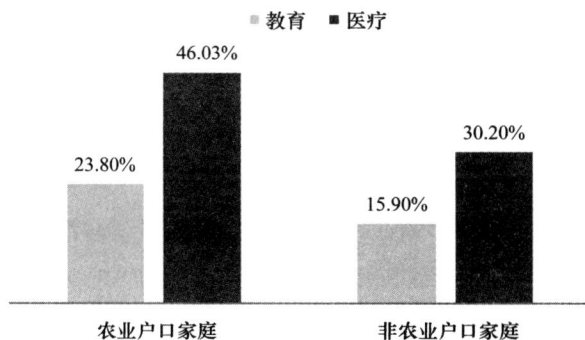

图8-16　农业户口家庭与非农业户口家庭教育与医疗支出占家庭年收入之比

政府在教育、医疗卫生、社会保障等领域的投资不足，导致居民在教育、医疗等方面的支出比例不断上升，社会保障支出增长过快，影响居民可支配收入增长，并降低了居民消费倾向。

通过本研究可以看出，在家庭支出对幸福感的影响方面，资产性消费（"是否有车"和"是否有房"）对居民幸福感有着显著的积极影响：有车的家庭比起没有车的家庭幸福感更高；拥有自有房的家庭比起没有自有房的家庭幸福感更高。这表明，居民幸福感的主要推动力还是来源于奢侈消费的方式——资产性支出对居民幸福感具有明显的正向作用。对于我国居民而言，以追求"车子越多越好，房子越大越好"的奢侈消费心理仍然普遍存在。

三、我国消费与发展现状成因与当前限制因素

由前文分析可得，目前我国经济发展与居民消费中存在各类产品、消费品的劳动力贡献率较低，居民缺乏对高 L 值消费品的需求，厂商缺乏生产高 L 值产品的动力的现象，并且居民对房屋、车辆等低劳动力附加值消费更为青睐。分析这些现象产生的原因，以及当前的限制因素有助于对我国之后发展模式与居民消费模式的引导。

（一）国民对生态文明理念和绿色消费的认知有待提升

生态文明建设的提出意味着人对自身与自然的关系有了新的认识，但这一认识目前还没有广泛且完全地被接受。由于近年来的一些环境问题，如沙尘暴、雾霾等，让许多人意识到环境保护与治理的重要性，但全民生态文明建设提出了对居民生态理念的更高要求。目前，居民的认知主要在以下三个方面还有待提升。

首先，居民尚未完全认识到资源环境问题对自身的影响程度。目前对此类问题的宣传常常停留在表象，居民难以认识到这些问题的严重程度。例如，在提及沙尘暴时，大家想到的往往只是空气污染，而很少有人想到由于沙尘暴导致内蒙古等地区水土流失现象严重，会造成更大的问题。

其次，部分居民对技术盲目崇拜，认为通过技术的提升可以解决一切环境与能源问题，环境可以"先污染后治理"，可以应用新技术找到新能源。基于这样的认识，自然不会重视环境问题。或者，认为只要用到了新技术，就肯定可以达到减少污染、降低自然资源消耗的作用，认为生态文明建设就是在各个方面堆砌"节能技术"。这样的理念也与生态文明不符。

最后，在居民消费方面，许多居民盲目追求低价产品，认为这是节约的体现，也符合生态文明的价值观。但在市场中，低价产品往往对应了低质量产品，劳动力附加值贡献率相对较低，未能做到"物尽其用"。由前文分析可得，此时过分的节约可能反而是一种浪费物质资源的行为，并不符合生态文明建设理念。另外，大面积房屋、大排量汽车在许多居民心中是成功的象征，有较强的消费倾向，这也与绿色消费理念不一致。

（二）政府对高劳动力附加值产品生产与消费的引导有待强化

我国改革开放以来一直坚持"以经济建设为中心"，但在实际发展进程中演化成了"仅以经济建设为中心"，大量政策的制定几乎不考虑除经济发展之外的各个因素。尽管近年来，国家层面在发展布局上强调了其他方面建设的重要性，特别是"十八大"提出了生态文明建设，但是在实际的政策制定层，很多地方并没有充分认识到资源环境的重要性。

要鼓励高劳动力附加值产品的生产与消费，必须进行产业转型。但是，产业转型往往会伴随着短期内 GDP 增长速度降低等"转型阵痛"，其影响的各项指标与政府自身执政能力考核指标有极大的交集。因此，政府部门鼓励进行企业转型可能会被认为执政能力较差，这显然是相关官员不愿意的。造成这一问题也与我国目前的政绩考核制度不完善直接相关。许多地区的考核制度中，环境资源的相关项所占比例很小。

另外，政府任期较短，领导从某种程度上只需考虑自己任期内的发展情况，只关心自己在位时期的经济增长目标。许多地方政府为了一时的经济增长完全不顾资源环境的约束，甚至盲目引进一些高能耗、高污染的产业，这也与生态文明建设的发展理念背道而驰。

由于这些原因，目前政策体系中缺乏对高劳动力附加值产业的鼓励，以及对低劳动力附加值产业的遏制，尤其是相关财政政策。

我国目前缺乏针对环境资源使用的税收约束。我国已有的环境资源税收仅有汽车燃油附加税等少数的几方面。目前征收的增值税，实质上是针对劳动力附加值征收的，但对于大部分环境资源并没有征税。因此，对每一件居民消费品而言，其中的劳动力附加值成本是征税的部分，而环境资源成本是没有征税的部分。那么站在企业的角度，如果希望少缴税，必然会更倾向于生产劳动力附加值低的产品。但如果我国对环境资源的税率能够高于对劳动力附加值的税率，那么企业对劳动力附加值较高的产品的生产倾向则能够增加。近年来，我国已经提出要征收环境税，但由于各种原因进程较缓。应当指出，针对环境资源的税收体系是我国在当前发展现状与发展目标下必须制订的。这一税收也将成为促进我国生态文明建设的重要与有效财政手段。

此外，我国一些现行税收政策不利于鼓励企业对人力资本的投资，对科技等的优惠力度与其他国家相比也明显不足。我国目前科研经费全部计入当年成本的制度也会导致一些企业不愿意投入科研经费。

（三）企业对生产高附加值产品的重要性认识与动力有待加深

我国企业目前对高劳动力附加值产品的生产积极性有待提升。这不仅是由于政府引导不够及居民无足够的消费倾向，也与我国长期执行计划经济，以及在全球产业链的位置有关。

在计划经济体制下，我国长期处在一种"物质匮乏"、无市场竞争、厂商不追求质量只满足数量需求的状态。在这种状态下，消费者没有挑选产品的权利，并且倾向于追求"物美价廉"的产品，而"物美价廉"很多时候只表现出"价廉"，即产品价格较低，而这样的产品往往是劳动力附加值贡献率较低的产品。

市场机制会对消费品的质量与特点产生很大的影响。以苏联为例。苏联的消费品品种不多，花色单调，款式陈旧，做功粗糙，数量不多，质量不高，有人评价其"轻工业产品不轻，颇具重工产品之风"。而这一现象的形成很大程度上就是其长期执行计划经济、缺乏市场机制。苏联是缺少消费市场制约轻工业发展的极端案例，我国情况远好于苏联，但相对于欧美，还是缺少对高质量精品需求的市场，且居民对不同质量产品的价格差异的接受度也相对较低。

另外，我国目前在国际上以廉价劳动力为优势发展经济、产品较为低端是我国进入全球产业链时的被动选择。

我国于 2001 年加入世界贸易组织（WTO），开始大规模进入全球产业链。相对来说，我国是较晚加入世界贸易的国家。2001 年，全球产业链的格局已经基本定型，欧美等发达国家具有在这一产业链中的绝对领导地位与话语权。对于后加入的中国，总体而言，既无话语权优势，又无特别过硬的技术支持，只能被动地接受产业链中较为低端的地位，以我国较为低廉的劳动力为相对优势，承担较为低端的生产部分，即"微笑曲线"的获利低位。

但是，我国不能持续地处在这一获利低位。首先，我国的经济需要持续增长，处在利润较低的产业链位置显然很大程度上制约了这一点。其次，我国经济发展要求居民生活水平的提高从而使收入提高，劳动力廉价这一"优势"会越来越不明显。最后，我国长期处于产业链低端会使得我国难以获得世界贸易的话语权，容易受到其他国家的压制，对我国长期发展非常不利。因此，必须采取措施进行改变。

第九章　绿色消费与全民生态文明建设的发展途径与重点领域

实现由量长转为质增，主要工作由基础设施的大量建设转为生态环境的治理营造，经济增长点由投资制造业转为教育、医疗等第三产业的经济增长方式转变，以及与之对应的由量多变为质优，由对道路、交通等基础设施变为对整体生态环境，由基本的衣食变为精神层面的教育、保健等的消费需求的转变，关键在于消费理念的重塑，即"惜物"思想的大力推广。

一、绿色消费推广理念的辨析

"惜物"思想与"节约"传统

"惜物"思想与我国传统的节约美德有相似之处。但是"惜物"仅针对资源、能源的高效利用，而传统的"节约"思想包括了对劳动力成本的节约，反映到日常生活中，往往仅从金钱的角度来度量。因此，在"节约"的指导思想下所选择的消费品可能节约的是劳动力成本，相对地消耗了更多的物质资源，与"惜物"思想相悖。

举例来说，同样的物品消耗了相近的物质与资源，但由于投入的人力不同，价格有所差异；此时，出于节约会选择价格低、投入人力较少的产品。而这一类产品往往质量较差，使用寿命较短，因此从全生命周期的角度来看，其自然资源消耗将高于投入人力较多、质量较好同时价格较贵的产品；若基于"惜物"的思想，则会选择价格较高的，与"节约"思想相反。而从生态文明的发展观来看，也应选择质量较高、全生命周期消耗较少的产品，即与"惜物"相同、与"节约"相反。

1. "能效"提升与"能耗"控制

从全社会的角度来讲，社会的用能可分为生产领域(即工业用能，包括各类产品和能源的生产过程)和消费领域(即建筑用能和交通用能)，这两个领域最终的能源消耗同时受到产品或服务需求，以及生产或供应系统的能效的双重影响。生产领域的能源消耗，由于其生产的产品的品类、规格和大小都是独立确定的，不受生产计划外的任何因素制约和影响，因此生产领域节能的唯一途径就是提高生产设备的能效，用更少的能源消耗生产出相同的产品。而消费领域的最大不同就是产品与工业领域并不相同，消费领域的产品是对室内环境的服务需求和到达目的地的服务需求，而这个产品并不是唯一确定的，它会受到经济、文化、环境等各方面因素的影响而呈现出不同的需求量。

因此，对于生产领域的节能，仅需考虑如何通过技术的变革和产品的更新来提高生产设备的能效即可。而对于消费领域的节能就要同时考虑两个方面：合理引导需求，提高供应侧能效。对于交通领域的节能，一方面可以通过合理的城市规划和小区规划来优化交通路线，减轻交通压力；另一方面则是通过优化设计交通工具，提高交通工具的能效。对于建筑领域的节能也是如此，一方面可以通过合理的建筑功能设计和建筑设计，以及合理的引导健康、绿色的生活方式来减少对于机械调节系统的依赖；另一方面则是通过优化机械系统来提高能效。对于生产设备、系统和产品的能效提升相对来说偏"硬"，容易通过对技术措施的指导和规范来实现，因此是各国政府在对待节能时首先考虑的方法，而优化城市规划、建筑设计，以及引导交通和建筑的使用方式，相对来说偏"软"，难以定量、不易操作实施，因此其节能的路线并不明确。但仅仅采取"硬"措施对于消费领域的节能来说可能并不足够，而且由于能源领域"回弹效应"的存在、产品效率的提升，消费者得到服务的成本降低，可能反而会刺激服务量的增加，最终导致能耗不降反升。但近年来，由于碳排放总量的压力、环境容量的压力，各国政府均承诺的碳排放达到峰值或减排的压力。"软"政策开始得到重视，各项合理引导消费需求的政策。从全球节能政策的发展趋势也可以发现这一规律。

经过大量的实际调研测试数据分析和案例的研究，我们可以发现，与建筑使用者相关的需求侧影响因素能引起5~10倍的建筑能耗差异，而供应侧的影响因素，虽然对于建筑节能也有着至关重要的影响，但其对能耗的影响远不及需求侧的影响大，其影响不超过3倍。

因此可以看出，需求侧的服务水平要求对于建筑运行能耗影响要远大于供应侧产品系统效率对最终能耗的影响。那么对于消费领域的节能，除了关注供应侧的能效以外，另外一个很重要的出发点应该是合理的需求侧引导。欧美及日本各国的建筑节能政策的方向转变也反映了对于消费领域的节能方向逐渐从提高供应侧的能效开始转向关注如何通过有效的方法来引导合理的消费侧需求。

2. 生活方式与消费领域能耗的关系

(1)交通出行方式

出行方式结构是城市交通结构的重要组成部分。它表征了居民日常出行采用各种交通工具的人数比例，是反映城市交通发展水平和能耗水平的一个重要内容。出行的需求、公共交通和非机动出行比例在决定城市消费领域能耗中有非常大的影响。人均出行距离一方面与城市交通规划密切相关，另一方面也与居民的生活方式有关。

人们对交通工具与燃料的选择与使用方式、对新型交通工具的接受程度、人均出行距离等都会对交通能耗产生影响。不同交通工具的能耗差异很大，如公共汽车的能耗大约仅占小汽车能耗的12%；较低的费用能够引导人们选择更为低碳的交通工具。不同的燃料种类也是如此，价格的变化可以引导消费者对燃料的选择，从而在能耗上产生差异。交通工具的使用方式也会对能耗产生影响，以电动车为例，使用什么样的电力充电，如何充电会在很大程度上影响它的使用情况。人们对新型交通工具的认可度不高在一定程度上限制了交通能耗的降低。当出行成本降低时，人们的出行距离会有一定程度的增加，从而导致能耗的上升。

(2)建筑环境营造方式

人的行为模式对建筑能耗有着很大的影响。在室外气象、围护结构、设备系统形式等确定的情况下，室内人员对各种能耗相关设备的调节和控制，在很大程度上决定了建筑的总体能耗。实测结果表明，在其他因素较为接近的情况下，由于人的行为模式造成的建筑能耗差异可能高达10倍以上。

大量研究表明，我国与发达国家在人的行为方式上存在较大差异，如空调与采暖设备是24h开启还是仅在有人且感觉不舒适时开启、室内空气品质通过机械通风还是自然通风优先的方式满足等。这些差异代表了不同国家长期以来的居民生活理念，也是目前我国建筑能耗水平显著低于发达国家的原因。

不同的使用模式满足不同的需求，需要不同的适应技术。对绿色生活方式的引导需要对相应技术的引导配合，对技术的评估也应当充分考虑不同生活方式的差异，使用绿色生活方式为基准发展技术。

3."精品战略"与低收入人群

有人认为，现在低价物品较多的一个重要原因是我国许多居民只能承担低价商品，或者说如果市场上没有足够的低价商品，则会无法满足许多居民的基本生活需求。因此，我们不应当打击低价格、低质量的消费品。

对于这个观点，从事实层面来说，我国的确还存在约 10% 的居民尚不能满足基本生活需求。但是如果只是针对这一类人群生产低质量的产品，首先因为现有的市场机制仍无法完全形成各种质量产品在各类收入人群中的有效分配，不可避免地在流通环节造成无端的浪费；同时由于这一类产品消耗资源多，生命周期短，处理其废料仍然需要消耗大量的资源，得不偿失。这一观点实质上违背了生态文明建设的基本精神，应该予以否定。事实上，针对这类低收入人群，完全可以采用社会救济和支付转移的方式，通过资金层面而非实物层面的转移，保障他们可以使用上产品周期更长、质量更高的商品来满足日常需求。换句话来说，就是在生态文明建设的背景下，应该使用全社会的资源去生产高质量且生命周期长的产品满足所有消费者的需求，而对于无法负担这些产品价格的那 10% 的居民，采取货币支付转移的方式去协调分配，从而在整体上实现资源的有效利用和全社会效用的帕累托改进。

既然并不存在某些人群需要消费质量差的产品，那么接下来的问题就变为，如果市场上只有质量好的产品，是否需要国家投入巨大的财政支出来对家庭进行补助？但其实，居民收入低是与我国产业劳动力成本低直接相关的。长期以来，我国的廉价劳动力被当作优势向其他国家出口产品，与之对应的必然是居民工资较低的现状。如果廉价劳动力不再作为优势，则居民工资会相应提高。居民的最低工资是由居民维持自身及家庭生计，以及保证自身能力可继续承担工作的成本决定的。如果整体生活成本提高，那么最低工资会随之提高，社会贫富差距相应缩小。最终将会成为一个正反馈的循环体系，即发展"精品工程"—产品劳动力附加值提高、GDP 中依靠质量提升的比例显著增加—生活基本成本上升、最低工资提高—社会贫富差距缩小、劳动力水平也会随之提高、中华民族的整体素质得到全面提高—增加对"精品工程"的需求。

此外，如前文所述，除了大房大车之外，我国贫富差距目前主要体现在劳动力附加值的消费上，包括教育和医疗服务、消费品质量、接受到的服务业水平、文化消费的差异。这些差距不是靠更多的物质产品来缩小，而是需要高质量产品和更多的优质服务，而高质量产品和优质服务是吸纳劳动力、扩大就业的最好渠道，即"精品战略"能够帮助提供就业机会，提高收入，也能够帮助低收入人群。

为什么我国消费品没有能够进入精品生产这一阶段？这一问题要从需求侧进行分析，国人现在之所以去购买国外名牌主要还是对国产品牌缺乏信任，从而导致盲目地去购买国外产品，如春节去日本抢购电饭煲等产品。在市场机制的调解下，需求是消费的主导方。从需求侧分析，现在问题出在了国人缺少对高质量消费品，特别是国产精品的需求。因此，如果要扭转这一消费习惯，需要引导国人的消费需求，从而可以吸引企业实现"精品战略"。从引导措施上来说，需要：①制定政府的相关政策；②进行社会文化宣传；③从小学生开始实行精品教育，从而区分"精品"与"奢侈品"，将勤俭节约与只使用物美价廉产品分开。只有全方面推广精品工程，中国才有进一步发展的希望。

二、日常消费领域"质"的提升

如前文所述，日常消费领域应当努力提升"质"。从生态文明的角度出发，可以认为减少生产与消费中物质资源的贡献率、提高劳动力的贡献率 L 值就是"质"的提升，包括日用消费品"精品战略"的执行与休闲文教领域消费的增加。

（一）执行"精品战略"

所谓"精品战略"就是提升日用品的"质"，从生产与需求两个角度，生产并消费高劳动力附加值的产品（拥有较高的劳动力附加值贡献率 L 值）。具体而言，发展"精品战略"就是需要在生产端改变企业的生产产品类型，鼓励生产高劳动力附加值的产品；同时在需求端改变高劳动力附加值产品的市场现状，鼓励更多的消费者购买本国的高附加值产品。

近年来，大陆民众在国外抢购奶粉、感冒药、书包等日用品的新闻屡见不鲜，这样的现象反映出目前国内居民对国产消费品缺乏信任，且长此以往将对国内制造业产生极大打击。反思这一现象，认为这与目前国产产品的品牌信誉尚未建立、部分厂家不重视产品质量、产品生产流程未有清晰全面的监测标准等有关。

因此，要改善国内产品的品牌形象，执行"精品战略"、促进国内居民购买高劳动力附加值的产品，需要引导企业在生产上多下工夫，保证产品的质量，大幅提升产品中的劳动力附加值，生产值得消费者信赖的"精品"；也需要政府建立完善的相关监测体制，从政府层面提供消费品的质量保障；还需要引导消费者，培养其对国产高劳动力附加值产品的信任和消费意愿。

进一步地，要在我国制造业执行"精品战略"、建立品牌，需要从以往的在以加工、组装、制造为主的生产低位向两边高位靠近，即以研发、采购、设计为主的产业链上游与品牌建设、销售等的产业链下游。从生产模式的角度上说，则是从现在的 OEM（贴牌生产）转向 ODM（原始设计），进而转向 OBM（品牌建立）。模式转换的每一步都需要大量的经验积累与资金积累，并且可能伴随一定程度的暂时亏损。但是，每一次转换最终都能够带来产品附加值的大幅提高，并伴随利润的大幅上升。同时，如果国家整体的生产模式能够走向"微笑曲线"两端，居民生活水平能够显著提高，国家地位也会随产业地位相应上升。

但是，我国的制造业并不能完全抛弃加工、制造等处在低位的部分。作为一个人口大国，我国不可能完全依靠其他国家制造商品。因此，我国的"精品战略"应当配合完整的产业链：在研发、设计等获利高位拥有显著的竞争优势；在加工、制造等获利低位也要有足够的技术支撑，使产品质量过硬，环境污染较少，能源消耗较低。

（二）休闲文教领域消费

休闲娱乐、文教体育等形式的精神层面的非物质消费支出能够满足居民更高级的消费需求。相关研究表明，对消费者闲暇时间的积极引导能够显著提升幸福感，且这一类消费往往能够促进消费者自身价值的提升。此外，非物质消费一般属于高劳动力附加值的消费范畴，同时会对资源环境产生尽可能小的影响。因此应当鼓励居民在此方面增加消费。精神层面的非物质消费包括满足文化、体育等各个方面的精神需求。

目前我国对教育的认识尚存在误区，认为教育仅仅针对儿童，因此出现了一方面青少年苦于在各种培训班"疲于奔命"，另一方面成年人对教育漠不关心的现状，这与提升全民文化素养的文化建设目标是不相符的。从消费的角度，应当鼓励居民提升文化素质，将"教育"当作一种消费方式，并从获取知识的过程中提升自身幸福。这需要对居民消费意识的引导，也需要政府能够提供更多的资源供公众学习。

在体育锻炼方面，我国与许多国家相比，"全民健身"的氛围较为薄弱。尤其是老年人的锻炼问题，在我国"老龄化"日益严重的情况下需要引起重视。近年来备受关注的"广场舞"现象即反映了中老年人存在大量精神消费的需求，而得不到相应设施和场地供给，并且缺乏可选的锻炼方式。这一现象表明，为了促进"全民健身"的绿色消费模式并且满足这一日益增长的消费需求，应当优化社区体育活动设施、建设足够的活动场地，并引导健全相关公共服务体制。

三、控制建筑与交通领域能耗需要解决的几个问题

驱动建筑与交通领域能耗增长的因素可能来自于两方面：一是服务水平的提高，

二是系统设备的转变。控制这一领域能耗需要合理引导服务水平，同时提高系统能效。服务水平的需求主要由城市模式和相关生活方式决定，而系统效率主要由技术水平决定。

（一）防止城市建筑规模的过快增长

随着城镇化的高速发展和城乡居民生活水平提高，每年有大量住宅和公共建筑竣工。2011 年，《中国统计年鉴》公布的新建建筑面积达到 31.6 亿 m^2，这其中包括了 5.1 亿 m^2 的工业和农业建筑，实际新建住宅和公共建筑面积约为 26.5 亿 m^2；而 2002 年，新建建筑面积不到 10 亿 m^2，建筑营造速度在 10 年间增长了近 2.5 倍，新建建筑面积以每年近 12% 的增长率增长。除竣工面积外，2011 年还有 85 亿 m^2 的施工面积。

建筑营造过程是一个"高资源、高能源"消耗的过程。持续地大量建造工程会消耗大量能源资源，与生态文明理念不符。目前城市总的建筑拥有量的飞速增长已并非完全是为了满足人口增加的需要。为此有必要逐步建立控制城市建设规模的政策机制，有效抑制目前城市建设中非理性的高速增长。

（二）控制个人交通需求的高速膨胀

中国城镇居民的出行距离、出行次数随着城市化进程的加快与居民生活水平的提高不断增长，出行方式上越来越多地依靠机动车和个体交通，而且因休闲而出行的比例有增加态势。

1980 年以后，城市居民对交通出行需求持续增长。随着城市化和交通的快速发展，中国城市公共交通的基本问题并没有得到根本性的解决。在发展道路基础设施和高效的交通运输服务间仍存在着矛盾与冲突，大城市的交通拥挤问题尤为突出，导致了公共交通服务的质量和吸引力的下降。尽管居民出行中公共交通的份额已经大幅提升，但与许多发达国家相比，其所占份额仍然较低。与此同时，非机动车交通的道路资源被快速发展的小汽车大量压缩。

是否人均出行距离长就表明生活质量高呢？或者长的人均出行距离是由于不同的城市规模与功能布局的影响？对于给定的出行距离来说，乘私人轿车比乘公共交通昂贵，当然更比非机动车方式昂贵。无论如何，出行距离越长，由于轿车速度的优势就越使得人们倾向于轿车，而不顾及其成本和其消耗的能源。明智地使用私人轿车，同时创造更有利于公共交通与非机动出行方式的城市环境应该是城市节能的关键内容。

（三）避免室内环境营造方式的盲目跟从

已有研究表明，发达国家以消费领域高额能耗为代价的经济发展和城市化道路在我国不可复制。中国需要探索新的模式以实现低能耗的现代化生活方式，这对我们而言是巨大的挑战，也是巨大的机遇。这一挑战的关键之一在于找到合适的室内环境营造方式。

无论何地，全年都有一半以上时间室外气候条件处在人体舒适范围内。这样，就至少要保证在这些时间内室内与室外良好地相通，把室外环境导入室内，这时自然通风可能是营造室内热湿环境最好的途径。只有当室外环境大幅度偏离舒适带时，才真正需要采用一些机械方式来改善室内热湿环境。也只有这时才需要尽可能切断室外热湿环境对室内的影响，从而降低机械方式所需要承担的负荷。而且，营造室内环境是为了满足居住者的需求，而不是为了满足房间的需求，室内环境的营造应当从人出发，从而避免室内环境在无人时的消耗，以及在有人时的过度服务。

（四）重审城市消费领域的节能政策

在物质产品生产领域，节能追求的是降低单位产品的能源消耗，提高产量，即使总能耗增加、单位产品能耗降低，达到节能的目标。然而在消费领域，节能的唯一目标是降低总的能源消耗量。如果把服务作为一种产品，参照物质产品生产领域的做法，追求单位产品的能源消耗量，就必然导致加大提供的服务产品总量从而降低单位产品能耗，最终导致总的能源消耗量的增加。因此，从我国实际情况出发，城市消费领域节能政策的目标应该是：在维持目前能耗总量不变或有所降低的前提下，通过技术进步和创新，进一步提高建筑和交通的服务质量，改善人民生活，提高社会的文明程度。

四、绿色消费理念的传播

基于本课题的研究，"低成本文化"现象在我国盛行，逆向淘汰机制不利于精品消费和精神消费文化的打造。另外，尽管我国目前的居民消费已经逐步步入中高级阶段，追求"质"的提高、个性和他人尊重，但是需要警惕"炫耀性消费"的走向。

因此，需要对国民消费需求进行引导和教育，摆脱资本主义工业文明的消费观念，兼顾消费效率和规模，重塑以精致、节俭的物质需求和精神等非物质需求为导向的绿色消费文化，提倡"精致适度的绿色消费"。必须"知难而上"，下决心改变这种"低成本文化"和"炫耀性消费"。弘扬全社会的绿色消费文化，强调高品质产品和服务的"精致"消费、追求舒适而不奢侈享受的"适度"消费，以及体现节能环保的"绿色"生活。

（一）传播媒介的主要功能

1. 传播媒介的舆论监督功能

在我国，随着近年来环境问题引起社会各界的广泛关注，新闻媒体在发挥舆论监督功能方面显现出重要作用，并将报道的重点从单纯报道污染问题到综合开展环境问题报道。不少环境问题都是由新闻媒体"曝光"，继而引起社会和相关主管部门关注并采取具体措施的。除公开报道外，许多主流媒体还通过内参向党中央、国务院反映环境问题，直接促进了一些环境问题的解决和管理措施的出台。中国记者群随着绿色新闻也日渐崛起。在某种程度上讲，环保部门与新闻媒体已经建立了良好的互动关系，传播媒介发挥着监视环境的正功能，继而推动环境问题的解决。

同时，在消费行为方面，媒体也应当对居民的消费行为起到监督与引导作用，对低质量产品及对"大房大车"的炫耀性消费文化予以批判，以推动精品消费在我国的传播。

2. 传播媒介的文化建构与传播功能

在绿色消费文化这一领域，传播媒介在协调关系和传承文化方面的功能不仅没有得到发挥，相反，在西方资本主义价值观和经济利益的主导下，特别是西方跨国传媒集团，形成了高度商业化、娱乐化、同质化、碎片化的特征，推动了西方消费主义文化的全球性传播。有研究就提出了"电子殖民主义"的概念，认为"通过西方媒介产品的文化渗透从而转变消费者心智模式，对消费者的文化心态产生长期影响，它所宣扬的潜在价值观与绿色消费和可持续发展背道而驰"。另外，一些已有现象对居民产生的消费引导与生态文明建设并不相符，如目前体制中级别越高、住房面积越大、汽车排量越大的相关规定就会引导居民对"大房大车"的向往，这也需要媒体的正面传播予以正确引导。

因此，在协调关系和传承文化方面，传播媒介亟待转型发展，对绿色消费文化的建构与传播发挥正面功能，构建精品消费理念，遏制消费主义在我国城乡的大肆蔓延，既要重视城市中的过度消费和高消费现象，引导城市新兴消费者理性、适度消费，即增强对消费质的维度的追求，又要为农村地区创造信息完备的消费环境，满足贫困人口的基本生存需求，降低每单位消费的资源能源消耗。

（二）传播媒介的主要内容

在当前我国生态文明建设的战略背景下，对现代消费文化进行引导，关键在于：一是发挥传播媒介在绿色传播消费文化方面的正功能；二是与政府、企业和大众进行良好互动，积极参与建构绿色消费文化。对于绿色消费文化传播，本课题将其归纳为 4 个方面的具体内容。

1. 公众对绿色消费的态度与认知

在我国，目前人们对"绿色消费"的认知仍不全面、不科学，需要政府、学校、企业等部门联合进行正确的引导。绿色消费的理念体现了科学发展的内涵和本质。英国环境经济学家 David Pearce 在 1994 年指出，把"消费"与"对于原材料和能源的消费，以及环境对废物的消纳能力"加以区分，在消费过程中，能源、环境消纳能力会在多大程度上被耗尽依赖于资源用于生产和消费的比率或强度。因此，绿色消费不仅包括绿色产品的生产和消费，还包括消费过程，即废旧物资的回收利用、资源的有效使用、生存环境和物种保护等涵盖生产和消费行为的方方面面。精品消费充分体现了生态文明建设中的"惜物"思想，并且能够提升居民幸福感，是我国下一阶段应该主要宣传的绿色消费方式，但尚未被大众广泛接受，需要加强传播。

2. 公众获取绿色消费信息的渠道

近年来，我国出口产品遭遇"绿色贸易壁垒"的影响日益显现。日益严苛的绿色产品标准，在经济全球化背景下，对于国内那些达不到环境标准的企业，无疑是一道绿色壁垒。政府与企业应当成为绿色消费的倡导者和信息发布者。但受到经济利益驱动，企业发布的绿色消费信息，有可能延续对消费品的符号价值的强调，削弱了大众的信任程度。建议科研机构补位，并利用媒介平台，建立起媒介话语与政界、科学界及公众话语之间的相互关系，突出强调媒介话语的协调作用。在信息的传递过程中，媒体对科学信息的解读方式也会影响公众和政界对科学信息的理解。此外，需注意到，政治环境也会影响到媒体在绿色消费议题上的立场。

3. 研究影响公众绿色消费行为的因素

对绿色消费行为影响最大的有以下两个方面：一是消费者自身因素，包括性别、年龄、收入、教育水平、生活方式、观念和爱好等，观念包括环境态度、价值观、环境敏感度、认知变量等。其中收入、生活方式和教育水平的影响尤为突出。二是外在因素，包括社会文化、意见领袖、媒介的议题设置效果等外在情境的影响。绿色消费行为的影响因素，国内尚缺乏实证研究支撑。国外的研究表明，绿色消费者在消费物品时，更注重物品在生产与使用过程中是否破坏环境与生态，是否污染环境。环境保护部和许多研究机构的近年调查结果显示，我国居民对可持续消费态度和行为之间存在着较大差异性。这些研究显示了情境因素，如替代性产品价格过高、厂商浮夸的比较性宣传、绿色产品标识的信誉保障、基础设施的完备程度对行为有重要调节作用。

4. 全面关注绿色消费文化建构的影响因素

既有研究指出，媒介的所有权、公司财政和广告对新闻内容的影响不容小觑。在当前物质消费主义仍旧盛行的时代，新闻从业人员的职业道德、专业素养和对环境意识的敏感性，都将影响到媒介对绿色消费文化的建构。此外，国家或组织的意识形态也会起到直接或间接的影响。在绿色消费领域，应当警惕媒介当前对绿色消费的"公益性"与"阶层性"等话语建构。

（三）传播媒介的主要手段

传播媒介大致分为三类：平面传媒、广播电视、新媒体。传播媒介与生态文明的研究，又大致有两种倾向：一类研究关注媒介作为生态文明建设的实现途径，在舆论监督、文化建设与推广中的角色和作用；还有一类研究把媒介作为生态环境来研究，借用生态学的一些概念，如环境、系统、适应、生态位等，称为"媒介生态"理论。本课题重点关注第一类研究，即传播媒介在绿色消费文化和生态文明建设中的功能比较。与西方国家有所不同，媒介在中国消费文化的传播中不仅需要考虑经济利益，还需要考虑媒介的政治属性。政治属性使得媒介在介绍吃、穿、住、用、行各方面消费信息的同时，将精品消费、物尽其用等绿色消费理念传播到社区，深入家庭和消费者。

从具体的传播媒介来看，平面媒体，如报纸、杂志等，与其他现代媒体相比，它们的可获取性、覆盖面、互动性和及时性较差。从内容来看，当前的平面媒体仍以环境报道为主，对绿色消费的关注不足。广播电视方面，西方国家的经验多指责广电的企业化运行所带来的不利影响，呼吁强化电视媒介的公共责任。在中国，电视媒介特殊的"三位一体"定位，承担着党和政府的喉舌、大众公共服务及商业运营的三重功能，经历了意识形态、社会反思和娱乐消费的发展阶段。从文化层面来说，我国电视的公共信息服务能力还处于相对较低的层次，没有建构起一个有效的公共服务资本管理和服务模型，没有在社会文化中起到一个理性建构文化信息环境的职责。营造并倡导绿色消费文化，需要发挥广播电视的前两大功能，并发挥公众人物和权威人物的示范效应，重新构建绿色消费文化，营造社会组织环境。在广播电视媒介中，需特别注意广告在功能和传播方式上对大众消费文化的影响，它受到商品逻辑的深刻制约，反过来又以商品逻辑瓦解社会价值的正常结构和秩序，刺激消费文化，建构消费意识形态的话语霸权。因此需要严格审查"商品拜物教"的广告内容，鼓励以绿色消费为导向的广告内容。

另外，特别强调需借助新媒体共同打造绿色消费文化。网络媒介的功能必然是网络使用者共同实践的结果，而非单方面设计的蓝图。民间论坛的发展还吸引了官方和商业力量的加入，成为社区多元主体互动、协商和博弈的平台。这种类型的网络论坛，在一定程度上成为社会治理的媒介，为政府、企业和社会大众共同建构绿色消费文化开拓了新的功能，这也是传统媒介所不具备的功能。但是，网络论坛在我国的开创时间不长，其对绿色消费的倡导经验还有待开发并接受时间的检验。有研究就指出，网络加速了消费文化的符号化进程。注重品位在一定程度上反映了人们消费水平的提高和消费结构的完善。但是过度注重对"物"的符号化象征意义就容易陷入消费主义的误区。网络对消费文化的传播主张包容和多元化，但如何引导网络媒体传播消费文化的科学化与理性化也是值得思考的问题。

五、生态文明教育体系的构建

以环境教育和环境传播为手段全面建设生态文明，重塑以人与自然的和谐共处、"惜物"为核心的社会主义生态文明，进行积极的社会动员，激励社会参与。加强生态文明制度建设，加强生态文明宣传教育，增强全民节约意识、环保意识、生态意识，形成合理消费、精致消费的社会风尚，营造爱护生态环境的良好风气。

（一）基本内容与目标

生态文明教育是指在提高人们生态意识和文明素质的基础上，使其自觉遵守自然生态系统和社会生态系统原理，积极改善人与自然的关系、人与社会的关系，以及代际间的关系，根据发展的要求对受教育者进行的有目的、有计划、有组织、有系统的社会活动，以促进受教育者自身的全面发展，为社会发展服务。广义的生态文明教育是指对于社会全体公众的教育，狭义的生态文明教育是指学校的专门教育。

生态文明教育的核心内容可归纳为生态认知与生态常识、生态安全与生态政治、生态伦理与生态道德。生态认知指世界范围内生态资源的基本情况和形势，生态资源利用状况，生态资源危机和生态资源保护现状。生态安全与生态政治聚焦于目前各项生态问题背后的调节机制，并试图借鉴生态系统的负反馈机制，以达到生态文明建设的真正目的。生态伦理与生态道德主要包括人与自然的和谐共处，以及对物质追求的自足，对绿色消费模式，即对消费领域"质"维度提升的追求是这一部分教育内容的重点。

发展生态文明教育，从目标层次来看，要紧密围绕环境教育的终极目标。环境教育的理论研究，自20世纪60年代发展至今，形成了较为完备的理论体系，对环境教育的认识逐步从制定规范，提高到情感、意识，以及能力和行动的层次。作为环境教育的重要组成部分，生态文明教育的目标要紧密围绕认知与态度、意识与情感、能力与行动，逐层递进。基于此发现，提出三大层次的生态文明教育目标，既强调对情感、态度和价值观的培养，又注重开发基于学校、社区的、行动导向的生态文明教育等。

一是掌握生态文明相关的基础知识和概念，包括生态文明意识和态度的养成；二是生态文明调查和评价层次，分析争议性资源和环境问题，在调查、评价和找出办法的基础上，识别、选择和利用合适的信息来源，评价解决生态文明问题的方法及其所体现的价值取向的能力；三是行为技能层次，培养生态文明行为所必需的能力，评价所采取行为对维持人与自然的关系、人与社会的关系，以及代际间的关系平衡所产生的影响，判断自身与他人的消费行为是否符合生态文明的"惜物"理念，追求精品消费，提高公众参与生态文明建设的能力，促进全社会形成生态文明的良好风尚。

（二）管理体制与多元主体

发展生态文明教育，从管理体制上来看，将其纳入国民教育体系和终身教育体系，具有重要的理论意义和现实意义。

首先，将生态文明教育纳入现代国民教育体系，"以学校教育为主导"，建立纵向贯通的基本教育通道，应对不同年龄层次的教育对象，逐步达成在认知、意识、态度、能力和行动等不同层面的生态文明教育效果。既要将生态文明教育纳入《中华人民共和国教育法》规定的学前教育、初等教育、中等教育、高等教育等学校教育制度中，又要在职业教育和成人教育（包括非学校教育和培训）制度中纳入生态文明教育内容。它能够充分培养学生的生态伦理道德、生态保护意识、处理生态问题的能力，领悟生态知识，形成生态文明观，形成绿色生活方式，为构建和谐社会与环境友好型社会不断输送具有生态文明价值观的人才。

其次，将生态文明教育纳入全民终身教育体系，"全民学习、终身学习"，建立横向互联的多级教育平台。终身教育，更多是从受教育者和学习者个人出发的，意指一生不断地获取所需要的知识、技能和能力。应对公众日益呈现出的不同层次的教育需求，生态文明教育的具体内容应分别对应个人需求的政治偏好、市场偏好及个人偏好等多元偏好而设置。

从发展生态文明教育的实践规律来看，基于环境教育的理论和西方发达国家实施环境教育的经验，以政府引导为主，市场手段为辅，学校教育为本，媒体助推宣传和公民广泛参与的生态文明教育综合管理体系，符合我国发展生态文明教育的基本规律。

政府的作用或角色是做好生态文明教育的顶层设计，充当生态文明教育规划，生态文明教育政策、法规的制定者，为推行学校生态文明教育，为企业、媒体和民众参与提供法律和政策依据，为企业多元投入提供必要的激励和资源支持，充当生态文明教育发展规划的引导员和监督员。政府首先要从法律制度上给予生态文明教育内容、模式和实施机制保障，各级政府分别具有承担生态文明教育的整体规划和区域规划的责任，同时承担对生态文明教育进行监督、效果评估的责任。通过政策法规和税收融资等手段为企业、媒体和社区参与和私人自愿供给生态文明教育提供奖惩激励、竞争激励等，建立一套有效的生态文明教育考评机制。此外，在绿色消费的宣传教育、试点示范、法律标准制定和强化市场监管等方面，政府应该发挥更重要的作用。

从国际和国内环境教育实践来看，学校是生态文明教育的主要阵地，学校教育应当是生态文明教育的主渠道。以学校为主体的生态文明教育行动，表现形式有探讨开发教育课程设置，生态文明资料库的建立和推广，以及组织各类大讲堂、研讨会、专家座谈会等，以达到为国家输送生态文明科学相关的专业人才和从业者的目标。把生态文明教育纳入幼儿和小学教育的教育计划和教学大纲，注重生态知识的教育和积累；在初中、高中和职业中学阶段，将生态知识教育与生态文明意识、情感、价值观的培养和教育有机结合起来；进入大学以后，一是针对生态环境和生态资源专业的学生进行专业生态教育，如生态保护、生态科学等，培养保护生态环境的各种专业人员。二是面向全校不同专业学生，覆盖所有专业、跨学科的普及式的生态文明通识教育，将行为和技能作为最高目标，要求受教育者能够提出生态问题的解决方案并付诸实践。

重视生态文明教育中的公众参与制度，是指公众及其代表根据国家相关环境法律赋予的权利和义务接受生态文明教育、参与生态文明建设的制度和政策决策。教育行动主体，包括公众和非政府组织，主要依托社区或相关 NGO 开展活动。在我国，圆明园湖底防渗事件不仅推动了国家环保总局首个环评听证会的召开，开启了重大事项实行环评听证和公众参与重大项目环评的先河，而且国家环保总局于 2006年 2 月出台了《公众参与环境影响评价暂行办法》，首次为公众参与环境保护制定专门的规章。同时，在以后的重大环境事件中，征求和听取公众意见的做法越来越普遍。本研究建议，推动生态文明教育基地的打造和非政府组织的培育，发挥基地和非政府组织的倡导、监督和政策建议的作用，借助媒体力量，并利用其信息手段的优势，创立生态文明教育的网络平台，形成多主体联合供给的教育新模式。

在企业管理者中加大宣传，激励企业投入生态文明教育。一方面，企业合理制定价格，与绿色促销相结合。根据自身的实力，选择有信誉、对绿色产品有较好认知的代理商、批发零售商，借助其信誉、形象推出绿色产品。此外，企业还可以直接使用绿色标志设立绿色专卖店或绿色专柜，推出系列绿色产品，以产生群体效应，便于消费者识别和购买。另一方面，企业可以通过给予物质资金支持，寻求环保部门及相关环保协会或组织的配合，广泛开展环保知识普及活动，提高公众的环境意识，共同促进绿色产品的推广和绿色消费观念的传播，使绿色消费成为一种受推崇的社会行为，从而形成大规模的绿色需求。

重视并鼓励妇女在生态文明教育中的参与和贡献。作为一支全球性的现代环境运动生力军，20 世纪 70 年代女性主义的第三次浪潮提出将女性解放和生态保护相结合的生态女性主义。它促使理论界对环境问题的根源进行了理论反思，对"环境问题产生的根源是人类中心主义"的观点提出了质疑，认为女性与自然之间有着密切的联系，要想解决环境问题，必须引入女性主义的视角。反思父权制理性主义中的人与自然、理性与情感、主体与客体等二元对立，坚持把环境、资源和人类视为在自然中构成密切联系的生命共同体，反对用工具理性对待自然。在全球生态环境危机日益加剧的当代语境下，生态女性主义以性别视角透视环境伦理、生命伦理等实际问题，注重挖掘生态危机产生的深刻历史根源，并试图为这些问题的最终解决提供新思路和新方法。它从女性与自然关系的视角出发，把人看成是一种生态存在，重视并致力于生态系统的保护，强调万物和谐和社会可持续发展。此外，还应充分发挥妇女对绿色经济发展的引领和支持性作用，提高女性工作机会。妇女不仅应在传统的绿色领域(环境保护、资源管理、手工艺、建筑、物流等)发展，还应积极参与到非传统领域，特别是一些高新技术领域中。

第十章　绿色消费与全民生态文明建设的政策建议

基于绿色消费的基本理念、我国消费与发展模式现状,提出了我国消费领域"绿色化"的重点任务,并基于此给出相关政策建议。

一、鼓励企业生产高劳动力附加值产品

鼓励企业生产高劳动力附加值产品,一方面需要对现行的财政政策进行改革,另一方面可以要求国有企业承担"生态责任",率先进行产业转型与绿色生产。

(一)财政政策建议

对企业来说,利润总是驱动其生产模式转变的第一要素。因此应当尽快修正现今财政政策中与生态文明建设、绿色发展不相符的部分,以驱动企业生产高劳动力附加值的产品(包括高质量的消费品与非物质消费品)。

在税收制度层面,应当强化消费税的环境补偿功能,尽快出台与完善环境税等针对环境资源的税收,使得一件消费品所对应的税收中,针对环境资源的部分高于针对劳动力附加值的部分。一方面扩大消费税的征收范围,对各种能源与资源、对环境有害的产品都征收消费税;另一方面引导扩大消费税占 GDP 的比例,适当提高税率。另外可考虑调整增值税体系,鼓励企业生产高劳动力附加值的产品。

在补贴层面,应当取消各种对具有低质量、高自然资源消耗产业的补贴。消费品的补贴应补贴给低收入居民,而不是给企业。对于 10% 的贫困人口,直接进行消费补贴。同时,对于努力转型的企业给予一定的补贴优惠,以鼓励企业发展低消耗、高劳动力附加值的产品。

(二)要求国有企业承担"生态责任"

生产高劳动力附加值产品的产业转型可能会导致企业投入大量的资金,以及一段时期的利润下降。很多私人企业可能在开始并不愿意进行产业转型。那么,在国有企业的改革中,可能也应当充分考虑生态因素,使得国有企业在承担"社会责

任""政治责任"的同时也承担相应的"生态责任"。

与私企相比，国有企业不仅以利润为目标，还具有更强的责任意识，同时政府对其的监管力度更大。因此，要求国有企业首先进行产业转型，生产高劳动力附加值的产品，更为可行与有效。

具体来说，可以将产品的劳动力贡献率作为指标纳入国有企业的考核范围，对国有企业的能耗、环境污染等提出硬性规定，在全生产过程中倡导绿色生产，树立员工的绿色意识。

二、加强政府公共服务，提升政府绿色消费

当居民生活水平达到一定程度时，居民幸福感会在很大程度上受到公共服务投入的影响。政府公共服务的投入包括教育、医疗、公共环境、交通等。这些方面都与居民生活水平直接相关。而在我国，这些方面的投入都相对偏低。与之相应的，则是我国的大量"三公"消费。目前，我国已经出台了一些相关政策以减少不必要的"三公"支出，但同时也应当加大公共服务的支出，为居民营造更好的生活环境，提升居民的生活质量，同时刺激居民更敢于消费。

要扩大高劳动力附加值的内需，需要建立科学的生态文明建设评价指标体系，把资源消耗、环境损害、生态效益纳入经济社会发展评价体系，建立体现生态文明要求的目标体系、考核办法、奖惩机制。建立多维绩效评价机制，全面反映经济建设、政治建设、文化建设、社会建设和生态文明建设"五位一体"的进展情况，特别是要增加反映结构调整、产业升级、资源环境、科技创新等方面的统计指标。并且，完善反映生态文明要求的相关统计指标体系，加大绿色发展、循环发展、低碳发展的引导力度，促进产业结构的优化升级，加大对破坏生态建设和加剧环境污染的问责力度。

应当强化政府采购的顶层设计，完善绿色采购指标体系和监管体系。与发达国家相比（欧盟国家均值为19%，其中瑞典达50%），当前我国绿色采购占公共采购的比例只有5%。建议将政府绿色采购纳入《政府采购法》，增强政府绿色采购政策的强制执行力；取消最低投标价法的采购标准，考虑采用全生命周期成本法、绿色权重法等综合商品性价比、环境成本和能源消耗的计算方法；构建绿色采购信息平台，规范信息发布、跟踪、监督和评估体系，接受来自供应商、专家和公共产品使用者的评估与监督。

同时，严格节制政府自身的公共消费开支，提高居民的绿色消费倾向。现阶段

我国正处于高速工业化和基础建设的时期，政府的公共支出无疑将会达到可观的规模。建议在政府的公共支出中，提高教育、医疗、社保等领域的消费支出和相关的消费性投资，压缩政府自身消费引致的过高行政运行成本、物资浪费及过高的能源消耗。需要进一步指出的是，政府消费对居民消费产生长期的替代效应，节制政府的消费开支也会促进居民消费倾向的提高。

此外，目前居民对居住面积、汽车排量的需求与我国将行政级别与这两者直接勾连相关。在目前的体制下，级别越高，房屋面积越大、汽车排量越大，这给了居民一个暗示：住房的面积大、汽车的排量大表示自己的身份高。而这样的需求趋势与我国目前的发展模式是不符的。因此，应当取消将级别与汽车、住房直接挂钩的制度，以有助于对消费模式的引导。

三、发展生态文明教育，推广绿色消费理念

（一）推进生态文明教育

建立以政府引导为主，市场手段为辅，学校教育为本，媒体助推宣传和公民广泛参与的生态文明教育综合管理体系，发展我国生态文明教育。建立总体性教育资源整合平台，将生态文明教育纳入终身教育和国民教育的行政框架机制，保障经费、师资等投入机制，建立教育质量监督评估机制，为生态文明教育发展提供制度保障。

建立总体性教育资源整合平台，将生态文明教育纳入终身教育和国民教育的行政框架机制，保障经费、师资等投入机制，建立教育质量监督评估机制，为生态文明教育发展提供制度保障。

（二）推广绿色消费理念

在群众中形成"惜物"的消费理念，将基于生态文明发展观的消费理念与消费文化深入人群，形成新的荣辱观、价值观。

发挥媒体的传播功能，以及公众人物和权威人物的示范效应，重新构建绿色消费文化，营造社会组织环境。严格审查"商品拜物教"的广告内容，鼓励以绿色消费为导向的广告内容。另外，特别强调需借助新媒体共同打造绿色消费文化。

通过传播媒介，限定人们的炫耀性消费，特别是要限制受西方消费主义的影响和中国特有的"官本位"制度所建构的"地位性消费"，使住房、汽车成为具有地位

象征意义的"地位性商品"，造成对自然和社会资源的极大浪费。同时通过传播媒介，改变旧有的炫耀性、地位性消费文化，发挥均衡筛选规范的作用，打造"精致适度的绿色消费文化"。在质的维度上进一步扩展消费。例如，以旅游、运动等方式丰富生活，提升生活品质；购买高质量的更耐用的消费品而非大量的廉价品；投注更多的时间精力给家人和朋友，在和谐的社会关系中收获幸福。

在操作层面，首先，从对绿色消费的理性经济分析方面入手。引导公众认识到国家将逐步对绿色产品的生产和消费实行减免税优惠，对浪费资源、危害环境的消费品征收高额附加税，绿色消费是这种制度环境下的理性选择；其次，提高公众的资源忧患意识和环境保护意识，强调绿色消费是一种积极健康的生活模式，大力宣传精品消费模式，追求高质量产品、增加服务消费，以"质"维度代替数量成为衡量消费水平的主要标准；再次，绿色消费"品牌"传播。信息高度发达的大数据时代，为绿色消费品牌提供了条件：一是细分目标受众的习惯和行为诉求，精确推送品牌信息，从而以点带面，以生态文明和可持续发展为核心价值进行品牌形象管理，构建用户头脑中关于绿色品牌形象的整个图景；二是基于交互性的传播平台，以及智能的数据库管理，用户的兴趣与需求被重新标签化、归类化，精准定位用户需求的交叉点，提升绿色品牌形象推广的精准度等。

（三）推广绿色生活方式，营造绿色消费文化

生活方式是影响消费领域自然资源消耗的主要因素，我国应该走一条与发达国家不同的建筑节能道路，倡导绿色生活方式，发展适宜的建筑节能技术，在建筑用能上限的约束下，努力提高建筑服务水平和人民的生活水平。这归根到底是一种人与自然和谐相处的城市生态文明建设，提倡的是人与自然的平等地位，而非以掠夺、占有的态度向自然无限索取资源、能源来进行城镇化建设和城市各项系统、设施的运行。

城市生态文明建设，核心是与自然和谐相处。引导绿色节能生活观念，要充分利用教育、新闻媒体等资源，最大限度地宣传和鼓励，发扬我国优良文化传统；同时，对建筑设计、建筑节能技术和设备、交通规划，提出相应的要求，要求技术和政策能够与绿色生活方式相适应。

倡导绿色生活方式，需要积极发展与之适应的技术措施。例如，建筑方面，适应于绿色生活方式的建筑，应设计可开启外窗，充分保证自然通风的使用，对于南方地区采取适度保温（适用于南方居民常开窗通风的习惯，且南方空调采暖季室内外温差相对较低，保温作用不如北方地区明显），推广可"部分时间、部分空间"控制

的分散空调设备；避免在住宅中采用中央空调系统，避免区域供冷系统，不提倡长江流域采用区域供热系统，避免在夏热冬暖地区对建筑围护结构盲目保温。

应当综合利用政府强制或引导、经济激励、信息、技术和教育等政策手段，建立一个多层次、多样式的绿色消费居民教育体系，并纳入国家教育计划轨道。从环境教育、国情教育等领域探索、借鉴成功的教育政策经验，使绿色消费理念深入人心。引导树立起我国中产阶级的绿色生活方式，建立起高劳动力附加值、低能耗与低环境污染型的精品消费领域。将政策倡导与实际的教育方式紧密结合，培养年轻消费群体的绿色消费方式，注重人们的认知、信念和消费方式的转变。

四、交通领域的相关节能政策

应尽快出台《城市公共交通条例》，大力发展公共交通，明确其发展定位，建立完整健全的管理制度，并大力提高公共交通的效率。

合理进行城镇规划，居民区与商业区合理分布，减少居民日常工作生活出行距离；为自行车出行、步行提供良好的交通环境，为低碳出行提供人性化的服务设施。以城市为核心，建设辐射状城乡慢速轨道交通，促进城镇化过程中城乡一体化建设，同时带动农副产业和乡村旅游业发展。

需适度控制小汽车的增长速度，充分反映小汽车使用的外部成本，鼓励低能耗低污染交通工具的使用。反对对大排量汽车的盲目追求。实行合适的交通需求管理，通过差别化停车、错时上下班、收取拥堵费等手段来调节中心城小汽车使用，鼓励使用公共交通方式，促进中心城交通供给和交通需求平衡。

五、建筑领域的相关节能政策

(一)控制建筑规模

我国各类人均资源大部分远低于世界平均水平，从目前世界政治和经济格局看，我国这样的大国很难依靠大量进口满足我国发展的各种资源需求，因此我国的经济发展必须建立在节约资源的基础上。房屋建设是高资源消耗型产业，我国未来的发展不可能走欧美国家的模式，而应该参照亚洲发达国家或地区的发展模式。日本、韩国、新加坡，人均建筑面积(包括住宅和非住宅的商业建筑、公共建筑)为 $40m^2$

左右，如果人均总量 40m² 可以支持新加坡、韩国、日本的经济腾飞和社会发展，我国只能低于这一数值，而不应高于这个数值。基于这个认识，我国人均建筑面积应控制在 40m² 以内，按照未来 14.7 亿人口峰值计算，总的建筑规模应该约为 600 亿 m²；如果未来城镇化率达到 70%，城镇人口达到 10 亿人，城镇建筑总的规模应该约为 400 亿 m²，这是建筑面积应该严格控制的上限。

针对缺乏控制建筑总量规划、建筑量高增速的问题，应从以下三个方面着手进行宏观调控。

1）严格控制我国建筑总量，明确各地建筑发展规模：从人均建筑面积约束出发，我国未来城镇建筑面积总量不应该超过 400 亿 m²。各地政府应根据未来人口规模明确建筑总量，制订建筑量控制规划，并严格执行。

2）逐年减少新建建筑量，稳定建筑业及相关产业市场：在控制城镇建筑总量的情况下，未来维持在每年 6 亿～8 亿 m² 的新建建筑量以代替拆除翻新建筑。在当前每年新建 17.5 亿 m² 的情况下，为避免因突然停止建设给建筑与相关产业带来的冲击，各级政府应制订计划，逐年减少新建建筑量。

3）开征房产税：各地政府应根据当地经济和社会发展水平，尽快开征房产税，从依赖土地财政中摆脱出来，从而使得政策不再向大力发展建筑业倾斜，遏制投机性住房投资，实质上提高居民消费能力，推动第三产业发展。

（二）实行建筑能耗总量控制

根据用能特点，建筑用能可以分为北方城镇采暖、城镇住宅（不含北方采暖）、非住宅类城镇建筑（不包括北方采暖）和农村建筑等 4 种类型。对于不同的用能类型，节能技术和用能规划的预期也不同。

我国北方地区城镇建筑实行集中供暖，用能强度大，一直是建筑节能工作关注的重点。从目前推广节能技术的状况和效果看，北方城镇采暖用能还存在如下节能空间：改善保温，降低采暖需热量；通过落实热改，实现分户分室热量调节，进一步消除过热现象；大幅度提高热源效率。通过以上措施，未来北方城镇采暖用能强度有可能从现在的 16.6kgce/m² 降低到 10kgce/m²，总用能量从现在的 1.63 亿 tce 减少到 1.5 亿 tce。

城镇住宅单位面积能耗持续缓慢增加。这一部分节能将从以下几个方面着手：长江流域住宅的采暖空调能耗，采用可以实现"部分时间、部分空间"使用方式的分散式空气源热泵而不是集中系统，有可能把用电量控制在 30kW·h/m² 以内；生活方式是影响空调能耗的主要因素，而建筑和系统形式同时也会对空调使用方式产生影响；对于家电、炊事、照明方面，采取如下措施：①鼓励推广节能家电，并通过市场准入制度，限制低能效家电产品进入市场；②大力推广节能灯，对白炽灯实行市场禁售；③限制电热洗衣烘干机、电热洗碗烘干机等高能耗家电产品等；积极推广太阳能生活热水技术，充分利用太阳能解决生活热水需求。通过以上措施，有可能将这部分能耗控制在 3.5 亿 tce 以内。

非住宅类城镇建筑（不含北方采暖）用能是用能量增长最快的建筑用能分类。非住宅类城镇建筑节能面临的主要问题是当前人们对于"节能"的概念认识不清，以为采用了节能技术或节能措施便是建筑节能。应将实现实际的节能减排效果和可持续发展作为城市建筑的主要追求目标，从以下技术措施取得非住宅城镇建筑用能的节能量：①以绿色、生态、低碳为城市发展目标，提倡绿色生活模式，尽可能避免建造大型高能耗建筑，改变商业建筑发展模式，提倡"部分时间、部分空间"的室内环境控制，减少"全时间、全空间"室内环境调控的建筑；②全面开展大型商业建筑的分项计量，以实际能耗数据为目标实施节能监管，将逐渐发展到用能定额管理，梯级电价；③推广 ESCO（能源服务公司）的模式，改善目前的商业建筑运行管理模式，并促进节能改造；④积极开发推广创新型节能装备，提高系统效率，如 LED 灯具、能量回收型电梯、温度湿度独立控制的空调系统（可降低能耗 30%）、大型直连变频离心制冷机等。未来非住宅类城镇建筑面积还将有所增长，通过新建建筑落实以用能定额为目标的全过程管理，既有建筑推广合同能源管理，发展和推广先进的创新技术，有可能使非住宅城镇建筑（不含北方采暖）用能强度从当前的 22.1kgce/m^2 降低到 20kgce/m^2，在当前总用能量 1.74 亿 tce 的情况下，增长至总用能量不超过 2.4 亿 tce。

针对农村住宅不同终端用能类型，未来农村住宅用能应充分利用生物质能解决炊事和北方采暖的需求；利用太阳能解决生活热水的用能需求；充分利用农村环境资源，优化自然通风解决室内降温需求；在服务水平相当的情况下，照明用能强度应控制在和城镇住宅相当的水平；农村家庭住宅面积大于城镇家庭，家电用能强度则会略低于城镇住宅家电用能，未来在 6.5kW·h/m^2 以内。具体而言，在北方发展"无煤村"，南方发展"生态村"。

1）北方农村"无煤村"的技术途径：①房屋改造，加强保温，加强气密，从而减少采暖需热量；发展火炕，充分利用炊事余热；②发展各种太阳能采暖、太阳能生活热水；③秸秆薪柴颗粒压缩技术，实现高密度储存和高效燃烧。

2)南方农村"生态村"的技术途径：①房屋改造，在传统农居的基础上进一步改善，通过被动式方法获得舒适的室内环境；②发展沼气池，解决炊事和生活热水；③解决燃烧污染、污水等问题，营造优美的室外环境。

未来农村建筑面积将不会明显增加，发展以生物质能源和可再生能源为主，辅之以电力和燃气的新型清洁能源系统，有可能将农村住宅商品用能强度从现在的 7.7kgce/m^2 降低到 4.2kgce/m^2，总商品用能量从当前的 1.77 亿 tce 减少到 1 亿 tce。

专题研究

资源环境影响的主要消费领域识别

一、研 究 方 法

为了能够更好地分析我国居民消费现状并对之后的发展方向进行综合分析，本研究引入了 RNM 指标计算体系来对居民消费进行定量描述。这一指标体系将各种消费品的成本拆分为自然资源与劳动力资源。其中自然资源又可分为可更新资源与不可更新资源。两者的本质区别在于它们发展的时间尺度。前者使用之后不可恢复，而后者如果使用得当，是可以恢复的；对于前者的使用应当尽可能减少，而对于后者的使用则需要尽可能控制在一个范围内。而劳动力资源在现发展阶段相对来说是较为富余的，因此应该尽量鼓励生产高劳动力附加值的商品。

在具体指标的选择中，不可更新资源指标主要指化石燃料的消耗情况等，可更新资源指标主要包括水和土地的消耗情况、空气污染程度等，而劳动力资源指标主要指投入生产的人数等。

在对资源环境具有重要影响的主要消费领域识别阶段，从行业、家庭消费与典型消费品三个层次(专题图 1-1)，通过对工业行业资源环境影响分析，得到不同行业的资源环境压力值，对应于消费驱动的关键生产领域的资源环境影响；以城市居民家庭为单元，分析吃、穿、住、行、用等 5 个方面的基本消费对应的现金支出比例、资源能源消耗比例、环境污染排放比例，得到关键消费领域的资源环境影响；对应家庭消费 5 个方面，典型消费品(住宅、汽车、食品)的资源环境影响。

本研究从我国当前生态文明建设的要求，以及绿色消费模式与全民生态文明建设存在的问题出发，利用 RNL 指标体系对各种消费模式进行定量描述，分析不同消费模式与发展模式对生态环境的影响。依据计算所得出的结果并结合我国发展现状与要求，提出我国未来应当选择并发展的绿色消费模式及其所对应的发展模式，并提出相关政策建议和发展战略。

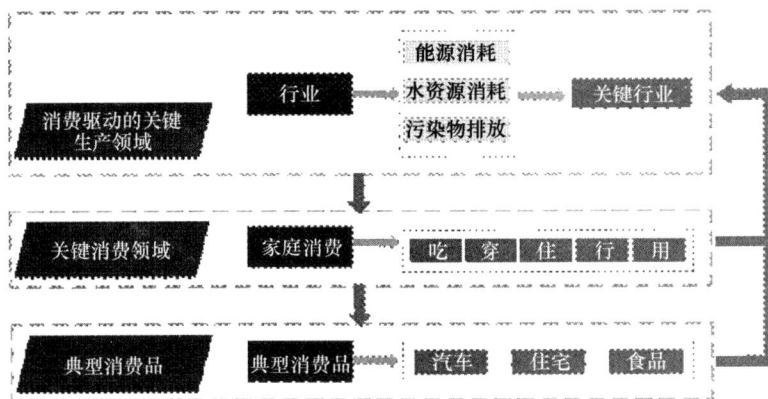

专题图 1-1　具有重要资源环境影响的主要消费领域

二、指标体系构建

（一）指标构成

本指标体系从产品本身出发，从物质的角度对不同的产品或消费方式进行拆分，并且从这一角度来对不同产品或消费方式进行评价。

从根本上说，任意产品都能够被分为两部分：自然环境所提供的物质，以及无差别的人类劳动。"土地是财富之父，劳动是财富之母"。在以农业为主的时代，财富主要指农作物，财富的产生主要依靠农民在土地上的耕作。同样的，在工业发展的今天，所有的消费品依然可以分为自然资源的消耗、劳动力资源的投入与有形与无形资本的投入（知识产权、资本、基础设施等），其中第三部分依然能够再分为自然资源与劳动。

自然资源可分为不可再生资源与可再生资源。两者的本质区别在于它们发展的时间尺度。前者使用之后不可恢复，而后者如果使用得当，是可以恢复的；对于前者，我们的使用应当尽可能减少，而对于后者应尽可能控制在一个范围内。因此，我们将两者分别进行计算。

可再生资源可分为临界带资源与非临界带资源，前者包括鱼类、森林、动物、土壤、蓄水层中的水；后者包括太阳能、潮汐能、风能、水、大气。非临界带的大气虽然不会被消耗，但如果人类活动对其任意污染，依然会对环境造成破坏。如近年较为严重的 $PM_{2.5}$ 污染即为人类活动导致的。因此我们设置的指标中也应当包含大气污染的因素。同时，大气本身存在一定的自我恢复能力，故可以将其视为一种可再生资源。

不可再生资源包括使用后就消耗掉的化石燃料与理论上可恢复、可循环使用的金属矿物。在我们的指标体系中，暂认为金属矿物可通过技术手段进行极大程度的循环使用，不纳入计算。

综上所述，我们的指标体系中包括三个指标：可再生资源指标 R、不可再生资源指标 N 及劳动力资源指标 M。其中指标 N 为化石燃料的消耗，指标 R 包括水、土地的消耗，以及大气与水体的污染，指标 M 表示劳动力。

指标体系的整体使用框架如专题图 1-2 所示。

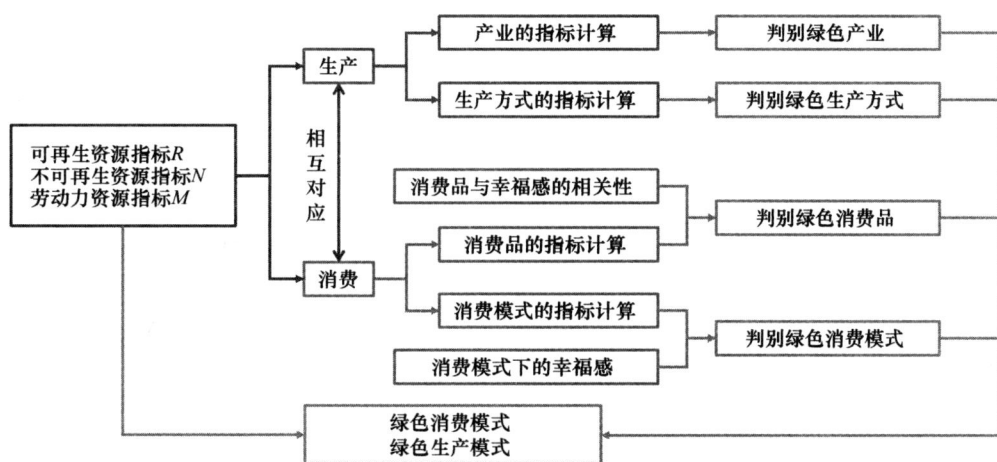

专题图 1-2　指标体系使用框架

（二）计算方法

针对各类消费品，我们综合运用投入产出、生命周期分析、水-能源-食物耦合等方法，系统研究主要消费领域中消费性产业前向、后向关联产业，分析主要消费性产业生产和消费过程中产生的直接和间接资源消耗、环境影响的机理和路径，识别主要消费性产业关键资源消耗、环境影响的范围和类型，建立主要消费领域的重大资源消耗、环境影响清单，并分析主要制约因素，具体指标体系计算方法见专题表 1-1。

专题表 1-1　指标体系计算方法

| 产品 | 使用寿命 | 不可再生资源 | 可再生资源 | | | | | 劳动力 |
		能耗	水	土地	COD	NH₃-N	SO₂	NOₓ	
产品1									
产品2									
产品3									
产品4									
产品5									

三、资源环境影响的主要消费领域的分析

从行业、家庭消费与典型消费品三个层次识别具有重要资源环境影响的主要消费领域。

（一）消费驱动的关键生产领域资源环境影响

通过对工业行业资源环境影响分析，筛选出对于不可再生资源、可再生资源环境指标影响超过总和90%的行业，得到不同行业的资源环境压力值，对应于消费驱动的关键生产领域的资源环境影响。

从筛选结果（专题图1-3）来看，对环境有重要资源环境影响的行业分为直接消费型、能源制造型、冶金采矿型、化工制造型几类，直接消费型的食品行业、酒与饮料制造业、造纸业、纺织业的化学需氧量产生量达到48.3%，氨氮产生量达20.5%，可以通过鼓励减少相应消费的行为，进而减少排放。能源制造型行业在能耗、水耗、二氧化硫与氮氧化物产生量上影响均超过行业总量的20%。冶金采矿型行业水耗、二氧化硫与氮氧化物产生量均超过行业总量的20%。化工制造型行业化学需氧量、氨氮产生量均超过行业总量的20%。非直接消费型行业在资源与环境上具有重要影响，而此类行业都是消费驱动典型行业，为减少其资源环境影响，一方面要控制相关行业生产环节；另一方面则需要进一步分析居民消费情况，通过鼓励不同消费模式实现。

（二）关键消费领域的资源环境影响

在家庭消费层面，以城市居民家庭为单元，分析吃、穿、住、行、用等5个方面的基本消费对应的现金支出比例、资源能源消耗比例、环境污染排放比例，得到关键消费领域的资源环境影响。

行业类型	行业名称	不可再生资源		可再生资源									
		工业煤炭消耗量/万t	占工业煤炭消耗总量百分比/%	工业用水总量/万t	占工业用水总量百分比/%	化学需氧量/t	占化学需氧量总量百分比/%	氨氮/t	占氨氮总量百分比/%	二氧化硫产生量/万t	占二氧化硫总量百分比/%	氮氧化物产生量/万t	占氮氧化物产生总量百分比/%
直接消费型	食品业	3 414.1		545 170.5		3 792 995.6		176 084.5		48.8		14.6	
	酒、饮料制造业	1 133.4	3.4	224 320.5	6.4	3 508 402.3	48.3	45 041.7	20.5	17	3.1	4.1	2.8
	造纸业	5 285.8		1 287 691.7		6 666 336.8		60 705.1		85.1		22.5	
	纺织业	2 294.6		355 263.9		2 504 513.1		69 732		31.6		7.8	
能源制造型	电力	202 823.4		15 691 011		317 405.7		11 438.8		3319		1 181.7	
	石油加工业	38 108.9	71.0	2 377 099.3	48.4	1 255 373	5.7	217 298.2	13.7	225.9	60.7	37.6	70.1
	煤炭开采和洗选业	15 808.7		228 014.6		365 725.4		6 827.1		16.7		4.5	
冶金采矿型	非金属矿物制品业	30 469.5		425 478.7		146 026.1		5 475.1		229.2		272.3	
	钢铁冶炼	29 459.2	18.1	7 799 396.1	24.8	1 216 563.2	5.0	67 594.8	10.3	319	30.1	97.8	22.4
	有色金属冶炼	5 380.9		730 310		174 388.2		99 256.9		1 213.3		20.5	
	黑色金属矿采选业	178.5		438 076.3		168 579		4 934.4		2.9		0.8	
化工制造型	化学纤维制造业	1 159.2		404 963.1		585 084.4		9 163.7		17.3		5.4	
	医药制造业	855.5	5.7	286 250.7	16.4	801 752.2	35.7	29 686.8	51.1	13.5	4.8	3.1	3.6
	化工制品业	18 441.1		5 512 068.1		10 803 629		837 835.6		251.1		54.4	

专题图 1-3　2010 年具有重要资源环境影响行业及其影响

根据《中国统计年鉴 2012》统计数据，2011 年城镇居民家庭人均全年现金消费中食品、交通通信、衣着、居住、家庭设备及用品分别占 36.32%、14.18%、11.05%、9.27%、6.75%，约占全部消费量的 78%。具体数据见专题表 1-2。

专题表 1-2　2011 年城镇居民家庭平均每人全年现金消费支出构成　　　　（%）

指标	全国平均值
衣着	11.05
食品	36.32
居住	9.27
家庭设备及用品	6.75
交通通信	14.18
文教娱乐	12.21
医疗保健	6.39
其他	3.83

注：数据来源于《中国统计年鉴 2012》

首先，根据生命周期分析的方法，得到单个产品全生命周期的资源环境影响，再根据产品家庭拥有量、产品使用年限，得到家庭年均消耗产品量，进而折算出家庭年消费造成的资源环境影响，见专题表 1-3 和专题表 1-4。

专题表 1-3　基于生命周期分析的单个产品资源环境影响

产品/消费行为		不可再生资源		可再生资源					劳动力
		能源消耗/kgce	用水量/m³	COD 排放量/kg	NH₃-N 排放量/kg	SO₂ 排放量/kg	NOₓ 排放量/kg		
住	住宅(100m²)	125 285.19	850.59	81.82	0.52	150.55	145.93		
行	汽车(标准单位)	37 420.82	166.23	250.59	4.05	101.81	787.11		
	摩托车(辆)	9 159.46		0.42		13.50	15.00		

续表

产品/消费行为		不可再生资源		可再生资源			
		能源消耗/kgce	用水量/m³	COD 排放量/kg	NH₃-N 排放量/kg	SO₂ 排放量/kg	NOₓ 排放量/kg
食	粮食(kg)	0.13	1.05				
	鲜菜(kg)	0.02	0.09				
	食用植物油(kg)	0.27					
	猪肉(kg)	0.25	3.56				
	牛羊肉(kg)	0.25	19.00				
	禽类(kg)	0.18					
	鲜蛋(kg)	0.18	8.65				
	水产品(kg)	0.14					
	鲜奶(kg)	0.09	2.20				
	鲜瓜果(kg)	0.04	1.07				
	酒(kg)	0.12					
	煤炭(kg)	1.00					
用	冰箱(台)	1 192.50	0.08	0.22		16.45	6.41
	电视(台)	1 158.20		0.01		3.28	2.08
	洗衣机(台)	574.80					
	计算机(台)	59.92					
	抽油烟机(台)	151.56					
衣	纺织类 kgce/(人·a)	45.96					

注：以 2010 年为基准年

专题表 1-4　家庭年消费行为的资源环境影响

产品/消费行为		不可再生资源		可再生资源			
		能源消耗/kgce	用水量/m³	COD 排放量/kg	NH₃-N 排放量/kg	SO₂ 排放量/kg	NOₓ 排放量/kg
住	住宅	1 789.79	12.15	1.17	0.01	2.15	2.08
行	汽车	326.06	1.45	2.18	0.04	0.89	6.86
	摩托车	300.18		0.01		0.44	0.49
食	粮食	52.13	427.48				
	鲜菜	5.40	29.55				
	食用植物油	6.74					
	猪肉	13.94	201.05				
	牛羊肉	3.22	247.54				
	禽类	4.20		1.73	0.047		
	鲜蛋	4.14	197.60				
	水产品	3.16					
	鲜奶	1.65	41.44				
	鲜瓜果	3.28	78.03				
	酒	3.14					
	煤炭	46.33					

续表

产品/消费行为		不可再生资源	可再生资源				
		能源消耗/kgce	用水量/m³	COD 排放量/kg	NH₃-N 排放量/kg	SO₂ 排放量/kg	NOx 排放量/kg
用	冰箱	62.19	0.00	0.01		0.86	0.33
	电视	145.84		0.00		0.41	0.26
	洗衣机	22.68					
	计算机	5.19					
	抽油烟机	1.05					
衣	纺织类	143.39					

注：以 2010 年为基准年

针对家庭年消费的能耗分析表明：住宅与交通占据了能源消耗的主要部分，分别达到 61%、21%；交通能耗小于住房，但考虑到汽车保有量增加，未来交通能耗可能持续增加，且汽车造成的影响所占比例将增加；电器能耗主要有电视、计算机、洗衣机等；食品方面能耗主要为粮食，达到食品能耗的 52%，猪牛羊肉也具有较大影响，达到 17%，见专题图 1-4。

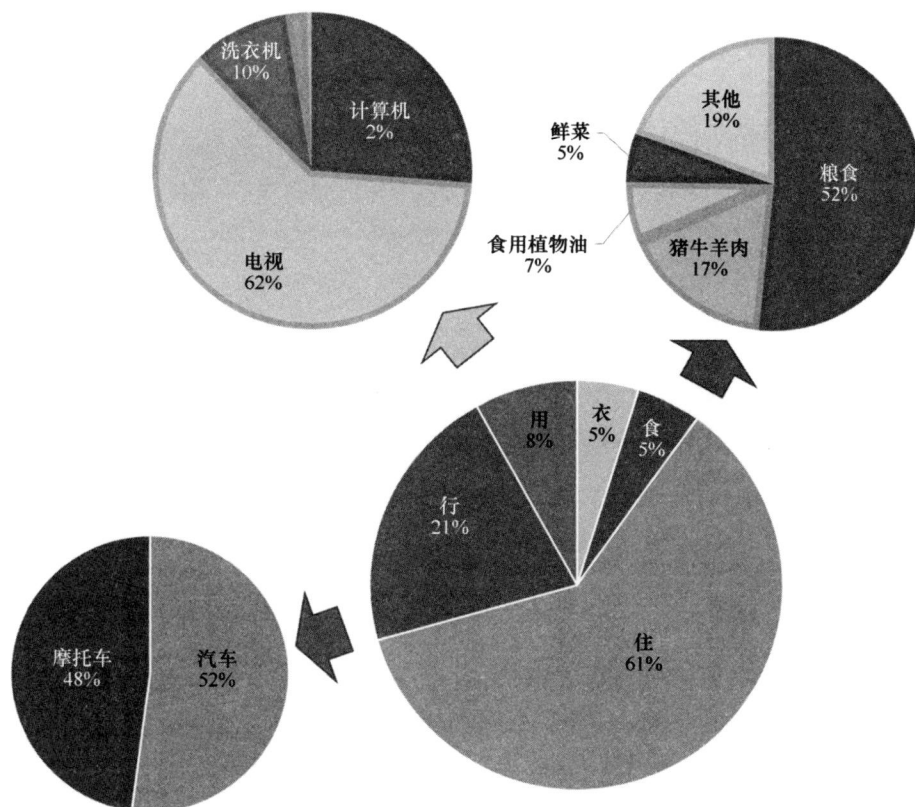

专题图 1-4　家庭年均能源消耗

（三）典型消费品的资源环境影响

对应家庭消费 5 个方面，典型消费品（住宅、汽车、食品）的资源环境影响。在资源环境影响方面，全国汽车产业、城镇住房和食品生产的资源环境影响较大。2010年城镇住房 COD 排放量占全国比例约为 59.8%，NH_3-N 排放量约为 69%。2009年，汽车产业能耗占全国比例约为 23.2%。2010 年食品生产水耗约占全国总量的61.3%。见专题表 1-5。因此，本研究以汽车、住宅、食品为案例，分析消费领域的资源环境影响。

专题表 1-5　住宅、汽车、食品资源环境影响一览表

项目	住宅总体环境影响	城镇住房影响占全国比例	汽车产业环境影响	汽车产业环境影响所占比例	食品生产环境影响	食品产业环境影响所占比例
城镇居住用地/亿 m^2	189.7	45.9%	/	/	/	/
能源消耗/万 tce	43 669.9	13.4%	71 058.9	23.2%	6 477.3	2.0%
用水量/亿 m^3	361.8	15.5%	37.5	2.9%	3 689.1	61.3%
COD 排放量/万 t	740.3	59.8%	173.6	13.6%	/	/
NH_3-N 排放量/万 t	83.0	69.0%	2.16	1.8%	/	/
SO_2 排放量/万 t	309.3	14.2%	125.8	5.7%	/	/
NO_x 排放量/万 t	406.5	21.9%	115.5	6.8%	/	/

注：住宅以 2010 年为基准年；汽车以 2009 年为基准年；汽车、住宅水耗占比为占当年工业、生活总水耗比例；食品以 2010 年为基准年；/表示无数据

1. 住宅的资源环境影响

本研究以北方城镇住宅为例，设定不同建筑结构的标准单体住宅分别计算其生命周期环境影响。该标准住宅的主要参数为：住宅建筑面积为 $100m^2$，各种终端生活活动和建筑设备的能耗强度取全国平均水平，城镇居民的人均年生活用水量、COD 排放量、NH_3-N 排放量、SO_2 排放量、NO_x 排放量均取全国平均水平。住宅使用时间根据我国通行的住宅设计使用年限设定为 50 年。得到结果如专题表 1-6 所示。

研究结果显示，对于我国北方采暖区域不同结构的标准单体城镇住宅，住宅使用阶段的环境影响占主要地位，其能耗、用水量、COD 排放量、NH_3-N 排放量、SO_2 排放量、NO_x 排放量分别占全生命周期环境影响的 86.9%～90.9%、92.6%～96.1%、95.7%～98.4%、99.8%～99.9%、84.6%～88.0%、87.2%～90.7%。考虑南方不采暖区域的城镇住宅，住宅使用阶段的能耗占全生命周期总能耗的比例为 69.4%～77.3%，因此，住宅生命周期的环境影响主要来自其使用阶段。不同建筑结构的标准

单体城镇住宅环境影响的比较表明，砖混结构住宅的环境影响最小，框架框剪结构的住宅能耗、SO_2、NO_x排放量最大，剪力墙结构住宅的用水量较大，钢结构住宅的COD排放量最大。

专题表1-6　采暖区标准单体城镇住宅生命周期环境影响

项目	城镇住宅结构	能耗/kgce	用水量/m³	COD/kg	NH₃-N/kg	SO₂/kg	NOx/kg
住宅物化环境影响	砖混	8 670.6	272.7	18.7	0.1	61.8	56.1
	框架框剪	13 055.2	464.8	46.3	0.3	82.6	80.5
	剪力墙	12 797.4	533.8	49.1	0.3	80.4	79.2
	钢结构	11 296.1	508.0	51.5	0.3	73.8	67.8
住宅使用阶段环境影响		120 807.1	9 362.9	1 594.0	307.5	636.4	767.6
单体住宅生命周期环境影响	砖混	94 961.4	6 960.6	1 157.4	131.9	516.4	604.4
	框架框剪	99 346.0	7 152.6	1 184.9	132.1	537.2	628.8
	剪力墙	99 088.3	7 221.6	1 187.7	132.1	534.9	627.5
	钢结构	97 586.9	7 195.8	1 190.1	132.1	528.4	616.1

注：kgce为kg标准煤

针对不同类型住宅的物化和使用阶段进行砖混、框架框剪、剪力墙、钢结构住宅生命周期分析，可以看出：城镇住宅资源环境消耗区别主要在物化阶段，使用阶段很难界定区别；在物化阶段，砖混结构存在较小的能耗、水耗、污染物排放；钢结构房屋虽然COD排放量稍高，但能耗、SO_2、NO_x排放量均低于框架框剪结构和剪力墙结构；然而城镇住宅资源环境影响主要集中在使用阶段，注重住宅使用过程中的供暖、用能、用水等行为将显著减小住宅资源环境影响，见专题表1-7。

专题表1-7　城镇不同结构住宅单体物化、使用阶段资源环境消耗

项目	城镇住宅结构	能耗/kgce	用水量/m³	COD/kg	NH₃-N/kg	SO₂/kg	NOx/kg
住宅物化环境影响	砖混	8 670.6	272.7	18.7	0.1	61.8	56.1
	框架框剪	13 055.2	464.8	46.3	0.3	82.6	80.5
	剪力墙	12 797.4	533.8	49.1	0.3	80.4	79.2
	钢结构	11 296.1	508	51.5	0.3	73.8	67.8
住宅使用阶段环境影响		120 807.1	9 362.9	1 594.0	307.5	636.4	767.6

注：以2010年为基准年

2. 汽车的资源环境影响

本课题所研究的汽车领域的资源环境评估范围不仅包括国民经济行业分类中的

汽车制造业，而且涉及其上下游具有重要资源环境影响的关联行业。通过对汽车产品生命周期特点分析，从而识别出汽车产业资源环境评估范围。

首先，对汽车领域按照其产品生命周期特点进行拆分，即将评价对象汽车对应于产品全生命周期过程，并选取生产和消费两大主要过程作为研究对象，如专题图 1-5 所示。

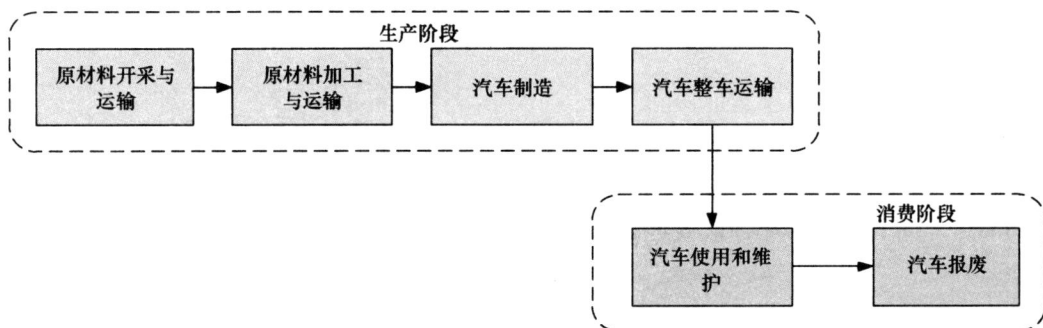

专题图 1-5 汽车全生命周期分析过程

然后，将汽车按其生命周期分为 4 个象限，建立汽车生命周期影响矩阵，如专题表 1-8 所示。矩阵设置为两个维度 4 个变量，即直接生产过程、直接消费过程、间接生产过程与间接消费过程。

专题表 1-8 汽车生命周期影响矩阵

	汽车生产阶段	汽车消费阶段
直接过程	汽车制造	汽车使用（动力能耗）
间接过程	铁原矿、硫铁矿、铝土矿、石灰石、白云石、石油开采； 钢材、铸铁、塑料、铝材、玻璃、橡胶、油漆加工生产； 钢材、铸铁、塑料、铝材、玻璃、橡胶、油漆运输； 整车运输	汽车使用（维护与保养） 道路基础设施建设

通过对投入产出分析与生命周期过程分析的联合使用，将产业对应到汽车生命周期影响矩阵各象限生产和消费过程中，得到本课题的汽车产业资源环境评估范围系统边界，如专题表 1-9 所示。

通过目标与范围界定、清单分析，构建汽车生产、运输与消费环节的流程图，计算出 2009 年基准年我国汽车产业生命周期的资源环境影响，具体见专题表 1-10。

针对不同类型汽车使用阶段资源环境分析，结果表明与汽油汽车、柴油汽车相比，天然气汽车能耗略高，但水耗和污染物排放量较低；电动汽车能源消耗较少，水耗极高，除氨氮外的污染物排放量有明显下降；天然气汽车和电动汽车的 COD

专题表 1-9 汽车领域资源环境评估范围

	汽车生产阶段	汽车消费阶段
直接关联行业	汽车制造业	石油及制品批发 燃气生产和供应业 电力供应
间接关联行业	黑色金属矿采选业 有色金属矿采选业 非金属矿及其他矿采选业 铁合金冶炼业 有色金属冶炼及合金制造业 炼钢业 钢压延加工业 有色金属压延加工业 电力、热力的生产和供应业 塑料制品业 橡胶制品业 涂料、油墨、颜料及类似产品制造业 玻璃及玻璃制品制造业 电池制造业 电力生产业 道路运输业(道路货物运输) 铁路运输业(铁路货物运输)	其他服务业(修理与维护) 建筑业(道路) 道路运输业(道路运输辅助活动)

专题表 1-10 2009 年汽车产业整体性环境影响及其构成

影响来源	评价指标					
	能耗 /万 tce	用水量 /亿 t	化学需氧量 /万 t	氨氮 /万 t	二氧化硫 /万 t	氮氧化物 /万 t
生产过程直接影响	2 616.9	13.2	4.0	0.3	3.4	3.5
生产过程间接影响	47 260.0	17.3	37.2	1.8	71.7	57.7
消费过程直接影响	20 258.2	6.6	131.9	0.06	50.5	53.5
消费过程间接影响	923.8	0.4	0.5	0.0	0.2	0.8
汽车产业环境影响	71 058.9	37.5	173.6	2.16	125.8	115.5
全国各项指标总量	306 647.0[a]	1 278.1[b]	1 277.5[c] 715.1[d]	122.6[c] 30.4[d]	2 214.4[c] 2 119.8[d]	1692.7[c] 1 188.4[d]
汽车产业环境影响所占比例[①]	23.2%	2.9%	13.6%	1.8%	5.7%	6.8%

注：a 为《中国能源统计年鉴(2010)》数据，b 为《中国统计年鉴 2010》数据，c 为《中国环境统计年报》数据，d 为工业污染源普查(2007)数据。

①指 COD、NH₃-N、SO₂、NOx 四项指标使用《中国环境统计年报》中全国工业和生活污染物排放量比较

排放量显著减少。总体来看，电动汽车是减少使用阶段能耗的较好选择，天然气汽车是减少水耗和污染物排放量的较好选择，见专题图1-6。

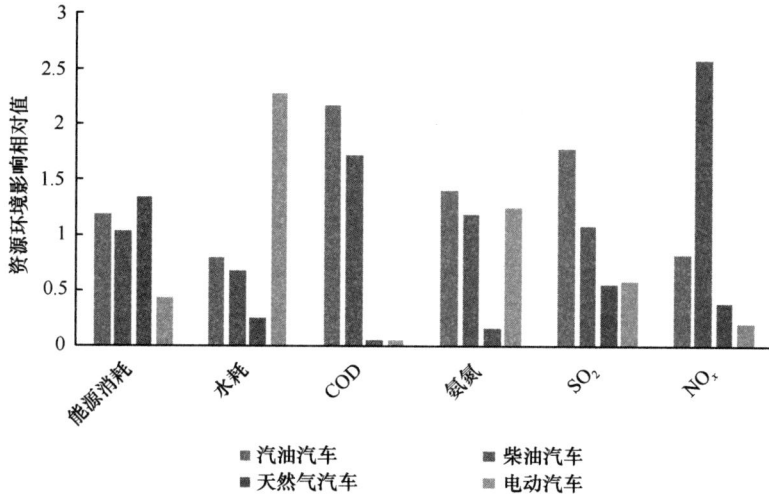

专题图1-6　4类汽车使用阶段资源环境影响对比

3. 食品的资源环境影响

粮食消费方面面临着比较严重的浪费问题，每年约12%的粮食在播种、收获、储藏等环节被浪费（专题图1-7）。

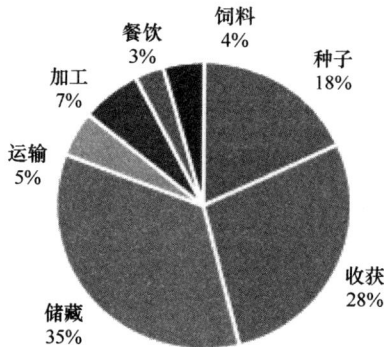

专题图1-7　各环节食品浪费情况

粮食的浪费主要在以下环节：第一，种子损耗与浪费。我国平均每年稻谷、小麦、玉米、大豆4种农作物的年平均种子用量为1240万t，与农业发达国家与先进技术相比损耗200万t。我国用种过高的原因主要是种子发芽率不高，技术落后，机械播种率低（机械播种可节种30%左右），用种量过大，自然灾害影响等。第二，收获损耗与浪费。我国大部分地区粮食主要为人工收割。而机收更有利于农民减少粮食损失。我国由于收获时烘干能力不足，部分粮食收获时期因雨水而发芽霉烂。因机械设备质量不佳及收割粗疏，致使部分粮食掉落。收获时粮食损失约占5%，约为1940万t。第三，储藏损失与浪费。我国粮食产后大部分都储在农户，70%以上的粮食分散在亿万农户家中，缺少粮食装具与储备设施，由于储藏条件不好，受虫蚀、霉变、鼠害等的影响严重，北方地区的损失率为4%～5%，南方地区为6%～7%，全国以损失5%计算，每年损失粮食2400万t。第四，运输损失与浪费。在粮食运输过程中，由于包装、装卸及运行进程中遭受雨水、撒漏、污染等影响，其损失占0.8%，损失粮食350万t。第五，加工损失与浪费。因设备陈旧、加工不当，会造成粮食加工出米率与出粉率不高，浪费粮食资源。同时，粮食加工精度高，对粮食营养影响较大，每年损失450万t。第六，粮食餐饮过程中的损失与浪费。餐饮过程的浪费主要是食用后的剩余丢弃。以全国城市居民在外就餐估算，以其10%的人员在外就餐，以浪费量11.5%计算，则全国损失粮食220万t。第七，饲料损失与浪费。目前我国仍有相当数量的粮食直接喂养畜禽，配合饲料占60%左右，其中配合饲料可节省粮食1/3左右。由此推算，粮食损失大约为310万t。为减少粮食方面的浪费，需要在提高粮食机械化播种与收割率，改善粮食收割、储存方式与储存设备方面采取更多措施。

4. 信息通信技术领域的资源环境评估

信息通信技术(ICT)的环境影响分为两个层次：①电子产品制造、使用、回收过程中产生的直接环境影响；②电子产品应用替代传统生产方式所产生的环境影响变化。

电子产品从制造、使用到回收处理的整个生命周期中会对环境产生直接资源消耗、水消耗、能源消耗污染物排放，如专题图1-8所示。

原材料获取阶段主要是能源资源的消耗、环境的污染，以及经济成本的支出。此阶段消耗的能源主要包括煤炭、石油、天然气，环境污染主要是原材料开发过程中产生的烟气、粉尘、水资源消耗；生产阶段既有有形材料的使用消耗，也包括中间过程材料的消耗，以及过程中的能耗和排放，主要是生产过程中电能的消耗、水资源的消耗、生产资料的消耗及工业废水的排放；运输阶段主要有运输工具的燃料燃烧和尾气排放；使用阶段主要是电力的消耗，并由此产生的火电生产过程中的气体排放等，以及过程中产品本身的气体排放、电磁辐射、噪声污染、维修等。电子产品使用阶段最大的特点就是物质消耗比较小，基本上是正常损耗和维修带来的更坏部件等，但使用的同时伴随大量的能源消耗；废弃处理阶段主要是拆解过程中的能源消耗、废气和废水排放、填埋空间占用等。

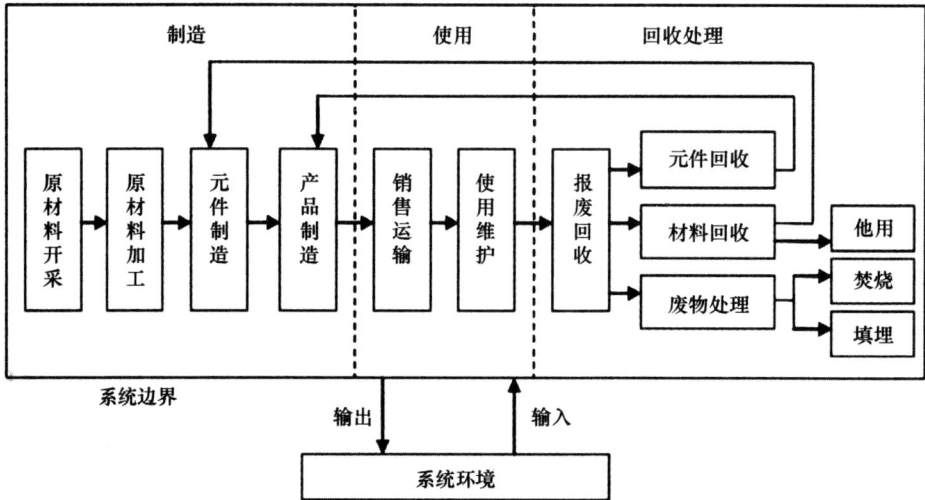

专题图 1-8　电子产品的生命周期

除了各个阶段的直接环境影响，信息通信技术的应用改变了传统的生产模式，会间接减少传统生产模式的环境影响。对 ICT 环境影响评估需要综合考虑这两种影响，并算出相对于传统生产模式的环境影响变化。

目前对于 ICT 资源环境影响的评估主要是基于案例的分析，尚没有足够的研究能对全国或某地区的 ICT 整体使用情况的环境影响做出评估，但是基于案例的 ICT 应用讨论可以在一定程度上判断 ICT 使用对环境影响变化趋势的改变。

Toffel 和 Horvarth(2004)对通过个人电子产品阅览报纸进行了全生命周期分析（LCA），并与传统模式进行了对比，发现阅读报纸的 CO_2 排放量是电子阅读方式的 32～140 倍，NOx 和 SOx 的排放量是电子阅读方式的 26～27 倍。

Matthews(2001)对电子商务分析发现，电子商务比传统商务能源消耗减少了 16%，空气污染减少了 36%，减少了 23% 的危险废物，减少了 9% 的温室气体，但是结果对距离等输入值较为敏感。

Loerincik(2006)对 ICT 在城市供水、供气、供电的控制过程的应用进行了环境影响评估，发现电子产品的利用使得环境影响减少至原来的 1/5～1/4。

基于案例的分析并不能够全面地说明 ICT 对环境的影响，但是已有的研究表明：在特定的假设下，ICT 的应用必然会增加能源的消耗，但是对资源消耗、环境污染均有减小作用，ICT 使用对水资源的消耗的研究还不够充足。

消费模式与幸福感实证研究

一、基于中国家庭金融调查的实证研究

本研究使用 2011 年中国家庭金融调查(Chinese Household Finance Survey,CHFS)数据,了解我国居民目前的消费结构现状,并尝试对居民主观幸福感和消费之间的关系进行探索。该调查由中国家庭金融调查与研究中心在全国 25 个省份进行,是具有代表性的全国样本。最终进入分析的有效样本为 6134 户家庭,其中农业户口家庭为 2256 户,占总体比例 36.78%;非农业户口家庭为 3878 户,占总样本 63.22%[①]。

(一)变量定义

1. 因变量——主观幸福感

针对幸福感(happiness)程度指标,CHFS 中的 A4011c 题,"总的来说,您现在觉得幸福吗?"能够很好地对个体的主观幸福感程度予以描述。该问题针对 18 周岁以上所有成年人进行询问,而对于问题的回答区分了 5 类:1 非常幸福;2 幸福;3 一般;4 不幸福;5 非常不幸福。我们根据回答状况,从"很差"到"很好"分别赋予类别序号 1～5,即数值越大代表幸福感越强。在后续分析中分两种方式进行:其一,直接采用主观幸福感 5 分法赋值方式;其二,将回答类别进行归并,只区分"幸福"和"不幸福"2 类。具体而言:将回答"非常幸福"和"幸福"归并入"幸福"类并赋值为 1;"不幸福"和"非常不幸福"赋值为 0。

2. 自变量——家庭消费

CHFS 详细记录了家庭各类支出。消费性支出中,"伙食费"(G1001)、"水、电、燃料费、物业管理费、维修费"(G1005)、"日用品(不包括食品和衣物)支出"(G1006)、"家政服务费"(G1007)、"本地交通费"(G1008)、"通信费"(G1009)、"文娱活动

---

① "农业户口家庭"和"非农业户口家庭"是指按照特定地区是城镇地区还是农村地区来计算人口比例

支出"（G1010）询问的是被访家庭上一个月的消费情况；"购买衣物"（G1011/G1011a/G1011b）、"房屋扩建费"（G1012）、"暖气费"（G1013）、"耐用品支出"（G1014）、"奢侈品支出"（G1015）、"教育培训支出"（G1016）、"旅游探亲支出"（G1018）、"保健支出"（G1019）询问的是被访家庭上一年度的消费情况。为了统一衡量维度，对以月份为单位进行统计的消费按照年进行了估算。转移性支出中，记录了"是否给予非家庭成员超过 100 元的现金或非现金"，以及具体现金价值（G2001/G2004）。

为了衡量家庭资产，家庭中拥有的房产和车辆也作为自变量进入模型，其中"车辆所有权""房产所有权"为虚拟变量；"车辆数量""房产数量"为连续变量；"车辆价格"和"房产面积"则取拥有汽车/房产中的最大值。

3. 控制变量

在模型中，地区类型（1=农村）、家庭人口作为控制变量出现。专题表 2-1 为变量的基本统计描述。

专题表 2-1　变量基本统计量

变量	变量描述	均值	标准差	样本数
因变量				
5 分法幸福感	5 分法赋值方式下的主观幸福感	3.712 5	0.841 2	6 132
2 分法幸福感	2 分法赋值下的主观幸福感	0.633 2	0.482	6 123
自变量				
食品	伙食费（包括在外就餐）；单位：元	14 094.08	29 625.75	6 077
水电物业管理费	水、电、燃料、物业管理、维修；单位：元	2 281.53	3 308.31	6 058
日用品	日用品（不包括食品和衣物）；单位：元	950.42	2 085.39	6 022
家政服务费	雇佣保姆、小时工、司机等家政服务；单位：元	309.69	5 189.07	6 130
本地交通费	本地交通；单位：元	1 880.18	4 862.01	6 086
网络等通信费	电话、网络等通信；单位：元	1 532.66	1 979.93	6 101
文娱活动	书报、杂志、光盘等文化娱乐；单位：元	484.98	4 964.09	6 110
衣物	购买衣物；单位：元	2 344.66	4 972.89	6 134
房屋扩建维修费	住房装修、维修或扩建；单位：元	2 645.83	17 322.87	6 122
取暖费	暖气费；单位：元	387.67	869.38	6 113
家电等耐用品	购买彩电、冰箱、洗衣机等耐用品；单位：元	791.92	3 800.3	6 128
奢侈品	购买名牌箱包、字画等奢侈品；单位：元	243.02	7 315.14	6 131
教育培训	教育、培训；单位：元	2 889.51	10 336.72	6 112
旅游探亲	旅游、探亲；单位：元	1 579.69	5 718.58	6 102
保健	保健（不包括医疗）；单位：元	330.00	1 660.11	6 121

续表

变量	变量描述	均值	标准差	样本数
是否出赠礼金	是否给予非家庭成员超过 100 元的现金或非现金；1 为是；0 为否	0.742 8	0.4371	6 127
礼金现金价值	给非家庭成员的现金或非现金价值；单位：元	5 948.02	14 908.77	6 021
是否拥有汽车	是否拥有自有汽车；1 为是；0 为否	0.145 6	0.352 7	6 133
是否拥有房产	是否拥有自有房；1 为是；0 为否	0.900 7	0.299 1	6 134
汽车数量	总共拥有的汽车数量；单位：辆	0.162 1	0.425 7	6 132
房产数量	总共拥有的房产数量；单位：套	1.062 6	0.576 2	6 134
汽车价格（最高）	自有车购买时的价格（最高）；单位：万元	1.926 5	7.316 5	6 109
房产面积（最大）	自有房面积（最大）；单位：m²	136.23	116.68	5 392
控制变量				
家庭所在地区类型	家庭地区类型；1 为农村；0 为城市	0.367 8	0.482 2	6 134
家庭人口数	家中人口数量；单位：人	3.339 3	1.556 5	6 134

（二）统计结果描述

如专题图 2-1 所示，中国家庭金融调查显示，2010 年，总体上有 63.32% 的居民感觉生活幸福或非常幸福，有 30.16% 的居民感觉一般，有 6.52% 的居民自感生活不幸福或非常不幸福。此外，2010 年，居民幸福感分数均值为 3.71（满分为 5 分）。可见，无论是从幸福感分布还是分值来看，我国居民超过半数是自感幸福的。

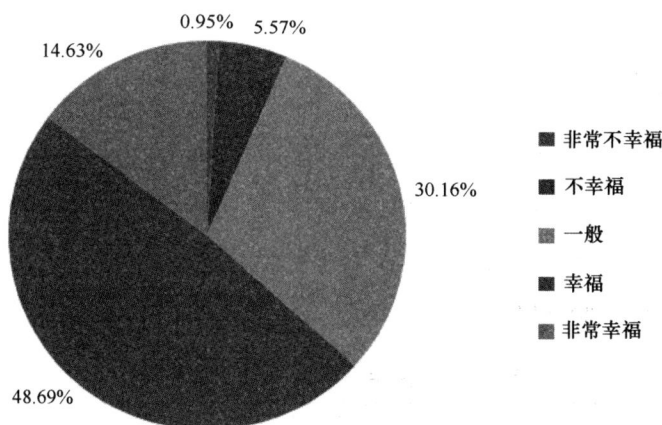

专题图 2-1　居民主观幸福感分布

在消费方面，通常将吃、穿、住等方面的消费定义为生存型消费，将教育、交通通信、医疗保健的消费定义为发展型消费，将文化娱乐服务、家庭设备用品、耐用消费品支出、其他商品和服务定义为享受型消费，用来大致反映消费层次的变化。按照这一居民家庭消费归类方式，2010 年，城乡居民的生存型消费平均支出相差 14 097.52 元，城市居民的初级消费是农村居民的 2.04 倍；在发展型消费方面相差 3198.58 元，城市居民平均支出是农村居民的 1.7 倍；享受型消费差异最大，城市居民享受型消费平均支出比农村居民高近三千元，是农村居民的 2.85 倍。从消费支出的绝对数来看，生存型消费和享受型消费的差距较大，表明我国城乡居民在必需品消费和耐用消费品支出方面存在较大的差距；从相对消费差异来看，城乡居民在享受型消费方面差距最大，这表明我国城市居民文化娱乐生活比农村居民更加丰富多彩。城乡居民消费支出的绝对差异和相对差异都表明我国城市居民物质生活和精神生活都明显高于农村居民（专题图 2-2）。

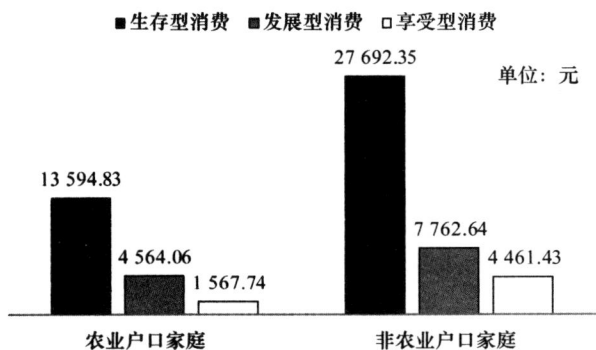

■生存型消费　■发展型消费　□享受型消费

专题图 2-2　城乡家庭消费结构图（CHFS）

（三）研究发现

1. 居民消费及幸福感

由于因变量"主观幸福感"为离散型因变量，Logit 及有序 Ologit 模型都是比较合适的估计方法。因此，依据对"主观幸福感"赋值方法的不同，对总样本分别建立有序 Logit 模型（Ordered Logit）和二分类 Logistic 模型，结果见专题表 2-2。

专题表 2-2　居民消费与幸福感（总样本）

项目	Ordered Logit（5 分法的幸福感）	Logistic（2 分法的幸福感）
生存型消费		
食品	-4.30×10^{-7}	-9.66×10^{-7}
	9.22×10^{-7}	1.10×10^{-6}
衣物	4.35×10^{-6}	$1.79 \times 10^{-5*}$
	6.85×10^{-6}	9.22×10^{-6}

续表

项目	Ordered Logit（5分法的幸福感）	Logistic（2分法的幸福感）
生存型消费		
日用品	-1.6×10^{-5}	-1.6×10^{-5}
	1.3×10^{-5}	1.5×10^{-5}
水电、物业管理费	$0.000\,02^{**}$	$0.000\,02$
	9.11×10^{-6}	$(0.000\,011)$
房屋扩建维修费	-2.41×10^{-6}	-1.77×10^{-6}
	1.55×10^{-6}	1.79×10^{-6}
取暖费	$0.000\,20^{***}$	$0.000\,22^{***}$
	$(0.000\,03)$	$(0.000\,039)$
发展型消费		
教育培训	-4.83×10^{-6}	-4.86×10^{-6}
	2.73×10^{-6}	3.43×10^{-6}
本地交通费	$-0.000\,02^{***}$	$-0.000\,03^{***}$
	6.37×10^{-6}	7.83×10^{-6}
网络等通信费	$0.000\,02$	$0.000\,02$
	$(0.000\,017)$	$(0.000\,020)$
保健	$0.000\,04^{**}$	$0.000\,02$
	$(0.000\,019)$	$(0.000\,021)$
享受型消费		
奢侈品	-4.70×10^{-6}	$-0.000\,02$
	2.96×10^{-6}	$(0.000\,014)$
旅游探亲	5.84×10^{-6}	$0.000\,01$
	5.45×10^{-6}	7.39×10^{-6}
文娱活动	-9.55×10^{-6}	-9.40×10^{-6}
	5.85×10^{-6}	8.67×10^{-6}
家政服务费	-2.56×10^{-6}	1.60×10^{-6}
	4.54×10^{-6}	7.05×10^{-6}
家电等耐用品	$0.000\,02^{**}$	$0.000\,03^{**}$
	7.26×10^{-6}	$(0.000\,012)$
交际性消费		
是否出赠礼金	$0.288\,76^{***}$	$0.239\,83^{***}$
	$(0.060\,145)$	$(0.065\,916)$
礼金现金价值	4.12×10^{-6}	3.83×10^{-6}
	1.81×10^{-6}	2.49×10^{-6}
资产性消费		
是否拥有汽车	$0.522\,07^{***}$	$0.524\,27^{***}$
	$(0.086\,869)$	$(0.104\,907)$
是否拥有房产	$0.259\,04^{**}$	$0.287\,26^{**}$
	$(0.086\,691)$	$(0.092\,755)$
控制变量		
家庭所在地区类型（1=农村）	$0.225\,54^{***}$	$0.272\,21^{***}$
	$(0.057\,629)$	$(0.064\,652)$

续表

项目	Ordered Logit（5 分法的幸福感）	Logistic（2 分法的幸福感）
控制变量		
家庭人口数	−0.017 82	−0.011 48
	(0.017 119)	(0.019 108)
常数		−0.143 87
		(0.109 212)
N	5 725	5 720
LR chi^2(21)	195.47	157.84
Pseudo R^2	0.014 3	0.021 1

*$P<0.1$，**$P<0.05$，***$P<0.001$；括号内为标准误

可以看出，从居民主观幸福感状况上来看，不论是在 5 分法还是 3 分法下，居住在农村的居民相比于居住在城市的居民幸福感更强，这与之前的研究结论也是一致的（罗楚亮，2006；刘军强等，2012），一般认为，这是因为农村居民预期的满足程度更低一些，也就是说更容易满足。家庭人口规模对于幸福感没有显著影响。

在家庭支出对幸福感的影响方面，资产性消费（"是否有车"和"是否有房"）对居民幸福感有着显著的积极影响：有车的家庭比起没有车的家庭幸福感更高；拥有自有房的家庭比起没有自有房的家庭幸福感更高。交际性消费对于居民幸福感也有显著的积极影响，尤其是"出赠礼金"这一行为本身比起具体的礼金数额更有意义。总体来看，生存型消费中，水电费和物业管理费、取暖费对居民幸福感的提升有明显的积极影响；Logit 模型中，发展型阶段的消费对居民的幸福感影响极为显著，本地交通费用的增加会降低居民自感幸福的可能性，而保健则有正向影响；享受型消费中奢侈品方面的消费对居民的幸福感起着消极影响，虽然这种影响并不显著；而在家电等耐用品上的支出则有助于提升幸福感。有意思的是，发展型消费中，教育培训费用对居民幸福感反而有负向影响。以往学界阐述教育对幸福感影响的文献可归纳为以下两种观点（黄嘉文，2012）：一种观点认为，教育程度对个体幸福感有正向的影响。高学历的人在日常生活中感觉更快乐，对生活品质的满意度也较高；另一种观点则认为，教育程度对个体幸福感有负向的影响。教育程度较高的人本身对自我的期望值就比较高，一旦遭遇失业、经济衰退等困难危机，其幸福感的下降幅度自然比他人要多得多。以上两种观点讨论的都是教育程度对幸福感的影响，但是，从家庭来看，教育水平的提高是以教育支出的增加为前提的，而教育支出的增加又意味着对其他方面支出的挤占，如住房、交通、医疗及其他可以改善生活质量的支出，投入到教育的成本越多，自然就要相应减少投入到其他方面的支出，这又

影响了幸福感的提高(李想和李秉龙,2009)。

2. 不同地区居民消费与幸福感

家庭所在地区类型对于居民的主观幸福感有着非常显著的影响,因此,分别对不同地区的样本进行了有序 Ologit 模型拟合(专题表 2-3)。结果发现,不同的家庭支出对于农业户口家庭和非农业户口家庭居民幸福感的影响存在差异。对于农业户口家庭来说,享受型消费对幸福感没有明显的影响。在生存型消费支出中,衣物和取暖费用的支出有显著的积极影响,日用品消费的作用则相反;在发展型消费中,教育培训和本地交通费用有显著的消极影响,在保健和网络通信方面的支出则对主观幸福感有着重要的积极影响。对于非农业户口家庭来说,用在房屋维修、扩建上的费用越多,其幸福感倾向越低;取暖费的支出则相反;在发展型消费中,只有本地交通费对居民自感幸福有影响,且这种影响是负向的;在享受型消费中,花在家电等耐用消费品上的费用越高越促进幸福感的提升;外出旅游和探亲的支出越多,越倾向于感到幸福。

专题表 2-3　不同地区居民消费与幸福感(总样本)

项目	农业户口家庭	非农业户口家庭
生存型消费		
食品	-6.90×10^{-6}	3.04×10^{-7}
	5.49×10^{-6}	1.47×10^{-6}
衣物	$0.000\,047^{**}$	5.46×10^{-6}
	$(0.000\,022)$	7.83×10^{-6}
日用品	$-0.000\,084^{**}$	$-0.000\,015$
	$(0.000\,039)$	$(0.000\,015)$
水电、物业管理费	$0.000\,013$	$0.000\,018$
	$(0.000\,026)$	$(0.000\,011)$
房屋扩建维修费	-7.89×10^{-7}	$-5.31 \times 10^{-6**}$
	2.46×10^{-6}	2.35×10^{-6}
取暖费	$0.000\,342^{**}$	$0.000\,178^{***}$
	$(0.000\,111)$	$(0.000\,035)$
发展型消费		
教育培训	$-0.000\,018^{**}$	-2.14×10^{-6}
	8.83×10^{-6}	3.03×10^{-6}
本地交通费	$-0.000\,032^{**}$	$-0.000\,021^{**}$
	$(0.000\,013)$	8.12×10^{-6}
网络等通信费	$0.000\,073^{**}$	$-0.000\,013$
	$(0.000\,034)$	$(0.000\,022)$
保健	$0.000\,159^{**}$	$0.000\,034$
	$(0.000\,057)$	$(0.000\,022)$

续表

项目	农业户口家庭	非农业户口家庭
享受型消费		
奢侈品	−0.000 034	−4.40×10⁻⁶
	(0.000 055)	3.05×10⁻⁶
旅游探亲	−0.000 013	0.000 010*
	(0.000 021)	6.09×10⁻⁶
文娱活动	−0.000 066	−0.000 012*
	(0.000 090)	7.18×10⁻⁶
家电等耐用品	0.000 026	0.000 019**
	(0.000 022)	7.90×10⁻⁶
家政服务费	−8.54×10⁻⁶	−4.94×10⁻⁷
	(0.000 012)	4.97×10⁻⁶
交际性消费		
是否出赠礼金	0.327 823***	0.239 827***
	(0.097 187)	(0.089 029)
礼金现金价值	2.51×10⁻⁶	4.66×10⁻⁶**
	5.00×10⁻⁶	2.03×10⁻⁶
资产性消费		
汽车数量	0.522 068***	0.467 354***
	(0.243 660)	(0.113 743)
房产数量	0.259 036**	0.122 381
	(0.131 803)	(0.078 978)
汽车价格(最高)	−0.028 25	−0.003 60
	(0.017 694)	(0.006 088)
房产面积(最大)	0.001 23***	0.000 62*
	(0.000 376)	(0.000 355)
控制变量		
家庭人口数	−0.058 60**	−0.030 56
	(0.026 698)	(0.026 747)
N	1 975	3 053
LR chi²(21)	119.28	122.48
Pseudo R²	0.025	0.017 3

*$P<0.1$，**$P<0.05$，***$P<0.001$；括号内为标准误

　　资产性消费方面，无论是农业户口家庭还是非农业户口家庭，家中自有的汽车数量越多，越倾向于感到幸福；对农村居民来说，家中自有的房产数量和房产面积也对幸福感有着显著的积极影响，城市居民的幸福感则受以上两个因素的影响较小。

二、对比及补充：基于"中国民生问题调查研究"的实证研究

除了家庭中日常支出外，为了了解家庭中公共服务支出(如医疗卫生、教育等)对于居民幸福感的影响，同时使用了"中国民生问题调查研究"(2013年)调查数据以便分析。该调查由国务院发展研究中心"中国民生指数调查研究"课题组发起，收集了全国8个省(市)(辽宁、上海、浙江、安徽、江西、广东、云南、甘肃)数据。最终进入分析的有效样本为7928户，其中农业户口家庭为4665户，占58.8%，非农业户口家庭为3263户，占41.2%。

(一)变量定义

1. 因变量——主观幸福感

针对幸福感(happiness)程度指标，中国民生问题调查研究中的B03题，"您对自己家庭目前生活状况的总体满意程度是？"能够很好地对个体的主观幸福感程度予以描述。该问题对家庭内18~69周岁的成员中抽取的本次访谈的被访问人进行提问，问题的回答区分了6类：1很满意；2基本满意；3一般；4不太满意；5很不满意；6说不清楚。我们根据回答状况，将回答类别进行归并，只区分"满意"和"不满意"2类，具体而言：将回答"很满意"和"基本满意"归并入"满意"，并赋值为1；将"不太满意"和"很不满意"赋值为0。

2. 自变量——家庭公共服务消费

中国民生问题调查研究中，D和E部分分别询问被访家庭去年在教育和医疗卫生方面的支出，其中D06题"去年您家庭总的教育支出为多少元？"询问了家庭包括上大学及各类学习、培训费用；E04题"在过去一年里，您家是否有人住院/如有，总花费及报销金额"记录的是家庭去年在医疗卫生方面的支出。

此外，家庭现住房是否自有(1=自有)及其房屋建筑面积(单位：m²)作为衡量家庭资产的自变量进入模型。

3. 控制变量

在模型中，家庭户口类型(1=农业户口)、家庭人口、家庭去年总收入及被访家

庭所在地区①作为控制变量出现。专题表2-4为变量的基本统计描述。

专题表2-4　变量基本统计量

变量	变量描述	均值	标准差	样本数
因变量				
2分法生活满意度	2分法赋值下的生活满意度	0.542 5	0.498	7 870
自变量				
教育总支出	去年家庭上大学及各类学习、培训费用；单位：元	5 169.841	6 914.918	6 596
是否有人住院	去年家庭是否有人住院；1为是，0为否	0.22	0.42	7 928
住院总花费	住院总花费，医疗、护工、红包、陪护等；单位：元	12 953.51	13 003.17	1 837
住院报销金额	住院报销金额；单位：元	5 623.95	6 197.038	1 795
实际住院支出	住院实际家庭支出；单位：元	7 290.63	8 654.61	1 793
是否拥有房产	现住房是否为自有房；1为是；0为否	0.885 0	0.319 1	7 928
房产面积	现住房建筑面积；单位：m²	101.78	50.39	7 848
控制变量				
家庭户口类型(1=农村)	家庭户口类型；1为农业户口；0为非农业户口	0.588 4	0.492 1	7 928
家庭人口数	家中人口数量；单位：人	3.51	1.341 4	7 928
家庭总收入	去年家庭总收入	48 052.1	46 621.56	7 888

(二)统计结果描述

总的来看，居民幸福感分布与分值与CFHS调查结果基本相同——我国居民超过半数对生活的满意度较高(54.25%)。家庭年平均收入为48 052.1元，其中非农业户口家庭年平均收入(61 779.35元)约为农业户口家庭(38 412.82元)的1.6倍。在家庭消费方面，教育年平均支出约为5169.8元，非农业户口家庭支出(5337.7元)略高于农业户口家庭(5051.1元)；医疗卫生费用中，去年家中有人住院的家庭约占22.36%，总花费平均为12 953.51元，医疗报销的比例达到43.4%。其中，非农业户口家庭住院总花费平均为14 827.78元，报销金额为6854.175元，占到了46.2%；农业户口家庭住院总花费平均为11 778.52元，报销金额为4852.13元，占41.2%，比非农业户口家庭低5个百分点。

专题图2-3反映的是不同户口类型(农业户口与非农业户口)家庭中，教育与医疗卫生支出占家庭年收入的比例。可以看出，虽然农业户口家庭在教育和医疗方面

---

① 由于本调查仅在8个省市进行，为了减少省市间存在的差异可能带来的影响，对被访家庭省市编码作了虚拟变量处理

的绝对支出少于非农业户口家庭，但是如果考虑到家庭年收入情况，农业户口家庭在医疗与教育方面的相对支出比例更高，负担远大于非农业户口家庭。从比值来看，农业户口家庭在这两项上的支出占到了收入的近70%，是非农业户口家庭支出与收入比的1.5倍。

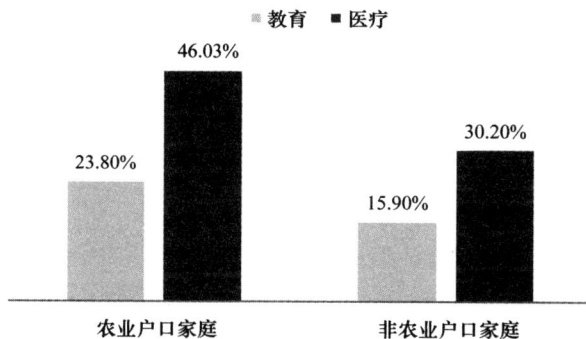

专题图 2-3 农业户口家庭与非农业户口家庭教育与医疗支出占家庭年收入之比

88.5%的家庭现住房为自有房，平均建筑面积为 101.78m²。其中农业户口家庭平均住房建筑面积(110.55m²)远大于非农业户口家庭平均住房建筑面积(89.33m²)。

(三)研究发现

对居民幸福感以家庭教育和医疗卫生的绝对支出作为自变量进行 Logistic 分析，结果发现(专题表 2-5)，无论是农业户口家庭还是非农业户口家庭，家庭在教育和医疗方面的绝对支出对于居民幸福感都没有显著影响，收入则对幸福感的影响较大，收入越高的家庭对生活感到满意的可能性也越大。另外，对于农业户口家庭而言，家中有人住院对居民的生活满意度的降低较为明显；而对于非农业户口家庭来说，家中住房为自有房且建筑面积大，会对居民的幸福感有正向影响。在控制变量中，家庭人口数量越大，会降低居民自感生活满意的可能性，对于农村家庭来说尤为明显。

为了进一步研究家庭公共服务消费(教育和医疗)对居民幸福感的影响，在探究绝对支出之外，对于家庭教育与医疗支出收入比和幸福感之间的关系也进行了分析，如专题表 2-6 所示。对比专题表 2-5，专题表 2-6 为我们呈现了一幅更为有趣的图景。总的来看，教育和医疗的相对支出对于居民幸福感都有极为显著的影响：相对支出越高，居民对生活感到满意的可能性越低，在农业户口家庭和非农业户口家庭均有所体现。这与在上一节中分析家庭相对支出比的事实也是一致的，在教育和医疗卫生方面的支出已成为我国居民生活的重担，给居民的生活带来了很大的消极影响。

而农业户口的家庭比非农业户口家庭感到幸福的可能性更低则表明，这种压力对于农业户口家庭尤为明显。对非农业户口家庭来说，现住房是否为自有房及住房的建筑面积对居民幸福感有显著的正向影响，这和专题表 2-5 的结果一致。

专题表 2-5　中国民生问题调查研究——家庭公共服务支出与居民幸福感

项目	总模型	农业户口家庭	非农业户口家庭
教育	-8.21×10^{-6} 8.05×10^{-6}	$-0.000\,01$ $(0.000\,010)$	-9.66×10^{-6} $(0.000\,014)$
家中是否有人住院(1=是)	$-0.352\,92$ $(0.238\,558)$	$-0.708\,97^{**}$ $(0.301\,069)$	$0.161\,57$ $(0.416\,186)$
住院实际费用	-2.52×10^{-6} 6.31×10^{-6}	$0.000\,004$ 8.11×10^{-6}	-1.46×10^{-6} $(0.000\,010)$
现住房是否自有(1=是)	$0.335\,46^{*}$ $(0.198\,716)$	$0.003\,79$ $(0.265\,154)$	$0.576\,87^{*}$ $(0.313\,203)$
住房建筑面积	$0.001\,13$ $(0.001\,183)$	$0.000\,36$ $(0.001\,400)$	$0.004\,12^{*}$ $(0.002\,3)$
户口类型(1=农业户口)	$-0.040\,21$ $(0.126\,795)$		
家庭人口	$-0.122\,12^{**}$ $(0.040\,015)$	$-0.153\,13^{***}$ $(0.047\,257)$	$-0.014\,30$ $(0.079\,770)$
家庭年收入(对数)	$0.611\,39^{***}$ $(0.066\,569)$	$0.548\,28^{***}$ $(0.082\,924)$	$0.718\,72^{***}$ $(0.116\,065)$
地区差异	$0.036\,19$ $(0.277\,562)$	$0.509\,42$ $(0.487\,231)$	$0.020\,66$ $(0.358\,669)$
_cons	$-5.788\,22$ $(0.762\,818)$	$-4.311\,44$ $(0.918\,523)$	$-8.250\,48$ $(1.328\,944)$
N	1\,493	938	555
LR chi^2(9)	128.27	69.46	63.41
Pseudo R^2	0.062	0.054	0.084

$*P<0.1$，$**P<0.05$，$***P<0.001$；括号内为标准误

专题表 2-6　中国民生问题调查研究——家庭公共服务支出收入比与居民幸福感

项目	总模型	农业户口家庭	非农业户口家庭
教育收入比	$-3.52 \times 10^{-1***}$ $(0.114\,440)$	$-0.293\,94^{**}$ $(0.126\,731)$	$-5.57 \times 10^{-1***}$ $(0.265\,032)$
医疗收入比	$-0.308\,63^{***}$ $(0.080\,623)$	$-0.298\,62^{**}$ $(0.094\,571)$	$-0.331\,46^{**}$ $(0.157\,610)$
现住房是否自有(1=是)	$0.114\,67$ $(0.191\,128)$	$-0.291\,54$ $(0.253\,365)$	$0.576\,87^{*}$ $(0.298\,008)$
住房建筑面积	$0.002\,82^{**}$ $(0.001\,135)$	$0.002\,15$ $(0.001\,334)$	$0.005\,16^{**}$ $(0.002\,226)$
户口类型(1=农业户口)	$-0.040\,21^{**}$ $(0.118\,178)$		

续表

项目	总模型	农业户口家庭	非农业户口家庭
家庭人口	−0.089 73**	−0.119 27**	0.017 37
	(0.038 753)	(0.045 700)	(0.076 688)
地区差异	−0.021 69	0.562 02	0.020 66
	(0.272 520)	(0.480 342)	(0.344 242)
_cons	0.386 38	0.601 07	−0.529 60
	(0.218 531)	(0.291 873)	(0.368 435)
N	1 493	938	555
LR chi^2(9)	64.07	33.33	33.93
Pseudo R^2	0.031	0.026	0.045

*$P<0.1$，**$P<0.05$，***$P<0.001$；括号内为标准误

以上对于农业户口家庭和非农业户口家庭的分析显示，家庭在教育和医疗卫生方面花费的比例过大，已严重影响到居民的生活满意度。尤其是对于农村家庭来说，完善农村教育和医疗卫生体系已成为当务之急。而对于城市居民来说，解决住房问题也有助于提高居民生活质量。

不同消费类型对居民幸福感的影响汇总如专题表 2-7 所示。

专题表 2-7　不同消费类型对居民幸福感的影响

项目	总体	农业户口家庭	非农业户口家庭
生存型消费			
食品	无影响	无影响	无影响
衣物	略有提升	略有提升	无影响
日用品	无影响	略有降低	无影响
水电、物业管理费	无影响	无影响	无影响
房屋扩建维修费	无影响	无影响	略有降低
取暖费	略有提升	略有提升	略有提升
发展型消费			
教育	略有降低	大大降低	略有降低
本地交通费	略有降低	略有降低	略有降低
网络等通信费	无影响	略有提升	无影响
医疗卫生	大大降低	大大降低	大大降低
保健	无影响	略有提升	无影响
享受型消费			

续表

项目	总体	农业户口家庭	非农业户口家庭
奢侈品	无影响	无影响	无影响
旅游探亲	无影响	无影响	略有提升
文娱活动	无影响	无影响	略有降低
家政服务	无影响	无影响	无影响
家电等耐用品	略有提升	无影响	略有提升
交际性消费			
是否出赠礼金	大大提升	大大提升	大大提升
礼金现金价值	无影响	无影响	略有提升
资产性消费			
汽车及数量	大大提升	大大提升	大大提升
房产及数量	大大提升	略有提升	略有提升
房屋建筑面积	略有提升	略有提升	略有提升

三、结果与讨论

中国的居民幸福状况及其影响因素是一个极为重要的国情调研主题(刘军强等，2012)。本研究主要从家庭消费的角度对居民幸福感进行了讨论，研究显示如下。

第一，从消费结构来看，第三产业所带动的消费所占比例都较低。无论是非农业户口家庭还是农业户口家庭，家政服务费用支出都非常低。不同类型地区的家庭也有着多样化需求：对于农业户口家庭来说，发展丰富的文娱活动极为重要；对于非农业户口家庭来说，旅游探亲对于居民幸福感有着促进作用。这些都对发展服务业提出了明确要求。

另外，总体来看，初级阶段的消费(包括食品、衣物和日用品的支出)对居民幸福感的影响已经不大，尤其是对于城市居民已无显著影响。说明居民的消费心理正在向中高级阶段——追求更加便利的现代生活、彰显时尚与个性过渡。因此，如何真正让居民享受到大力发展第三产业带来的切实利益，是改变居民消费方式的突破点。

第二，居民幸福感的主要推动力还是来源于奢侈消费的方式——资产性支出对居民幸福感具有明显的正向作用，这表明对于我国居民而言，以追求"车子越多越好，房子越大越好"的奢侈消费心理仍然普遍存在。在这样的背景下，急需推进产业结构升级，倡导合理健康的消费方式。

第三，家庭消费中，教育和医疗支出对居民幸福感的负向影响表明，这两方面的费用已经成为家庭的负担，尤其是对于农村家庭而言，这种效应更加明显。因此，在促进居民消费模式转变的同时，也应增加公共服务的投入，尤其是农村教育和医疗财政投入的比例，以减轻居民的消费负担；在其他基础设施方面，交通费用的消极作用表明，完善城乡交通体系的必要性。此外，城市居民因在房屋扩建维修方面的花费而导致幸福感降低，也显示出亟待完善的城市住房保障体系。

中国建筑规模控制目标研究

一、我国建筑规模现状及影响

（一）我国建筑规模现状

随着经济发展，各地大中小城市拓展城区建设，大量建筑投入施工，建设量激增。1996 年，全国民用建筑竣工面积不足 15 亿 m^2，而在 2013 年达 35 亿 m^2，如专题图 3-1 所示。

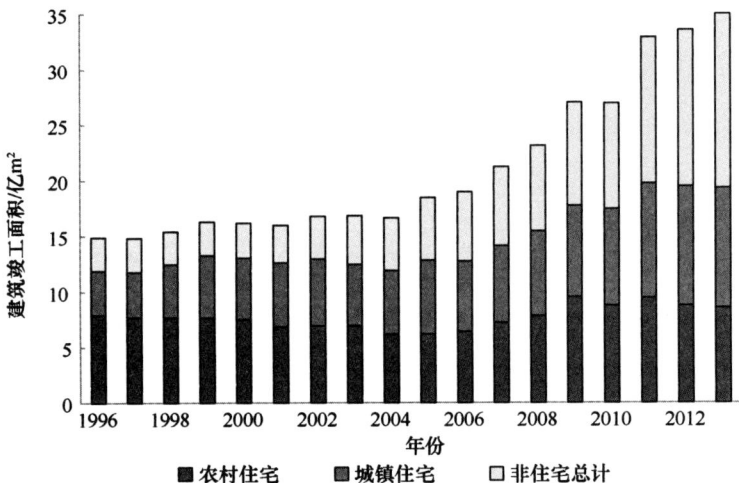

专题图 3-1　我国房屋建造规模情况（非住宅面积中包括公共建筑与生产性用房等）
数据来源：《中国建筑业统计年鉴》

大量房屋建设直接导致我国建筑面积的大幅增加。从 1996 年至 2013 年，全国总建筑面积从约 270 亿 m^2 增长到约 545 亿 m^2，这一增长主要发生在城镇建筑中，如专题图 3-2 所示。

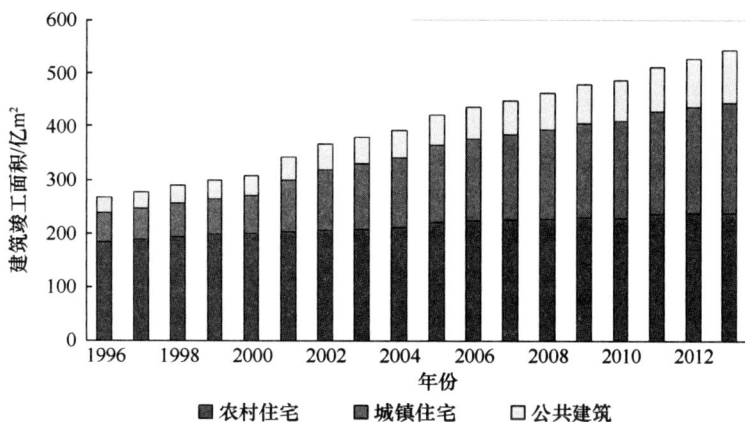

专题图 3-2　我国房屋存量规模情况

数据来源：清华大学建筑节能研究中心

截至 2013 年年底，据清华大学建筑节能研究中心初步估算，我国城镇居住建筑面积约为 208 亿 m²，公共建筑与商业建筑面积约为 99 亿 m²，农村居住建筑面积约为 238 亿 m²，即我国目前建成建筑总规模约为 545 亿 m²。再考虑目前至少有 120 亿 m² 已经开工但尚未竣工的城镇建筑，则我国在下一阶段面积还会有进一步的增长。

（二）大规模房屋建设对我国的影响

建筑总量飞速增长，每年大规模的新建建筑施工量会带来能源、经济和社会等多方面的问题，这些问题严重影响了我国的可持续发展及人民总体生活水平的提升。

1. 对建材的持续需求导致产业结构调整困难，能耗、碳排放总量居高

从房屋建造的角度来看，大规模房屋建设带来对钢铁、水泥等建筑材料的旺盛需求。目前我国钢材、水泥等建材的产量持续增长，主要为城市建设和基础设施建设所拉动。2012 年，全国约 32% 的钢铁、53% 的水泥被用于房屋建设，如专题图 3-3 所示。这一部分建材生产消耗了大量能源，同时也排放了大量二氧化碳。

定义房屋施工过程与建材生产过程为房屋建设过程，则可估算得到我国各年房屋建设能耗与碳排放量，如专题图 3-4 和专题图 3-5 所示。从图中可以看出，我国房屋建设能耗约占全国总能耗的 14%，碳排放量约占 18%，即房屋建设已成为我国能耗与碳排放的重要组成部分，正是由于房屋建设的刚性需求，导致对钢材等建材需求的不断增长，从而也成为我国这些年来总能耗与总的碳排放不断增高的主要原因。

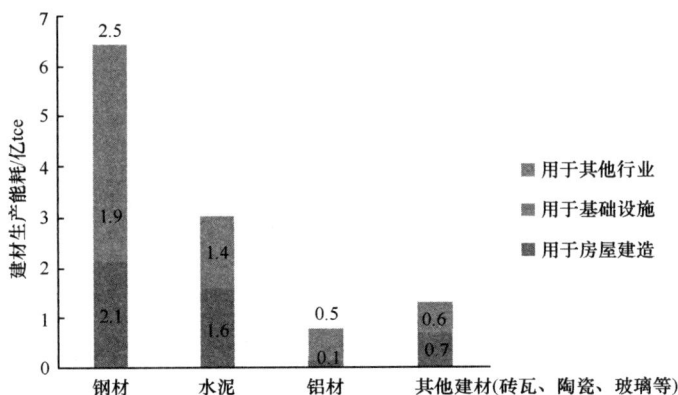

专题图 3-3　我国建材生产能耗（2012）

数据来源：清华大学建筑节能研究中心

（彩图请扫描文后白页二维码阅读）

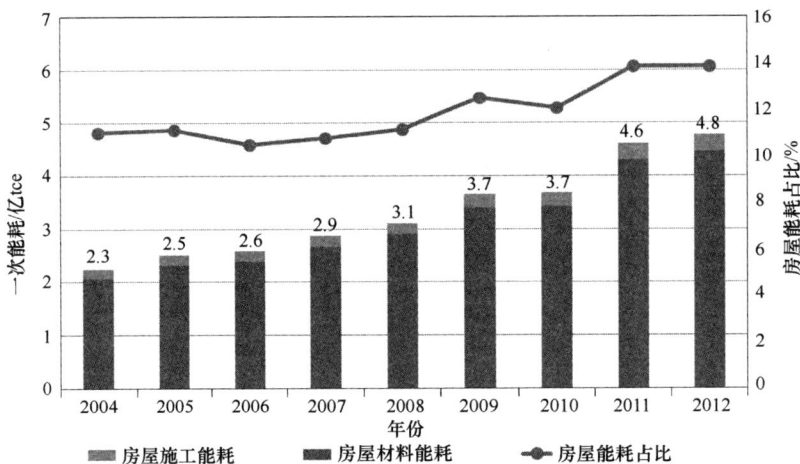

专题图 3-4　我国房屋建设能耗情况

数据来源：清华大学建筑节能研究中心

目前之所以钢铁建材能高耗产业比例居高不下，是由建筑业持续增长的需求所致。单纯依靠"调整产业结构"不可能实现真正的调整。只要城市建设持续进行，对钢材与建材产品的巨大需求就依然存在，就难以通过各种"调整产业结构"的措施改变我国产业结构的总体现状。因此，必须从需求源头的控制入手，控制房屋建设规模，才能解决根本问题。

2. 房屋、土地价格持续居高，影响经济发展，大量建筑与土地搁置

房屋的大量建设在过去几年对 GDP 产生了较大的贡献。2013 年，城镇各类建筑竣工面积为 20.3 亿 m²，按全国商品房平均售价 6237 元/m² 计算，则商品房销售

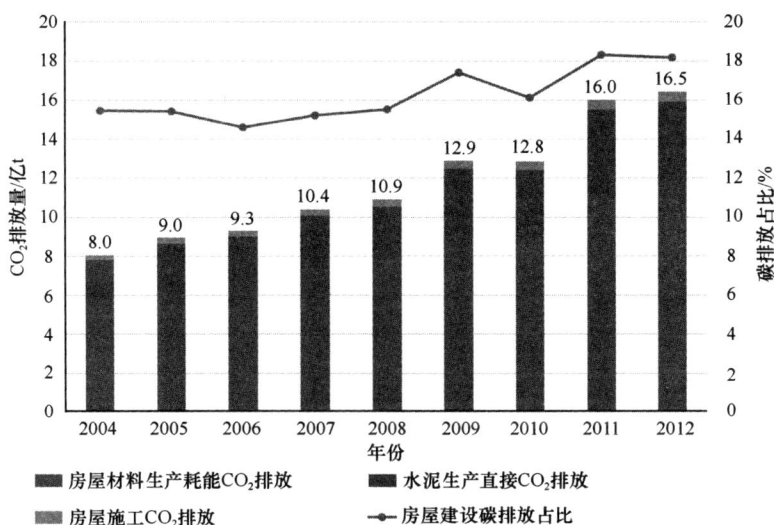

专题图 3-5 我国房屋建设碳排放情况

数据来源：清华大学建筑节能研究中心

（彩图请扫描文后白页二维码阅读）

当年对 GDP 的贡献约为 12.6 万亿元，接近我国当年 GDP 总量的 20%。其中，房屋建造和装修平均造价约为 3000 元/m²，共形成建造业和建材业产值约 6.1 万亿元，其余 6.5 万亿元则为地产增值。这样的 GDP 增长含有极大的泡沫成分，对我国经济持续发展极为不利。

近 15 年来，我国商品房价格迅速上涨，全国商品房的价格从 1999 年不足 2000 元/m² 增长至 2013 年的近 6000 元/m²，如专题图 3-6 所示。其中北京、上海、广州等城市的房价增幅更高。以北京市海淀区为例，2000 年时，该地区房价约为 4000 元/m²，而到 2015 年已增至超过 5 万元/m²，超过 2000 年水平的 10 倍，如专题图 3-7 所示。

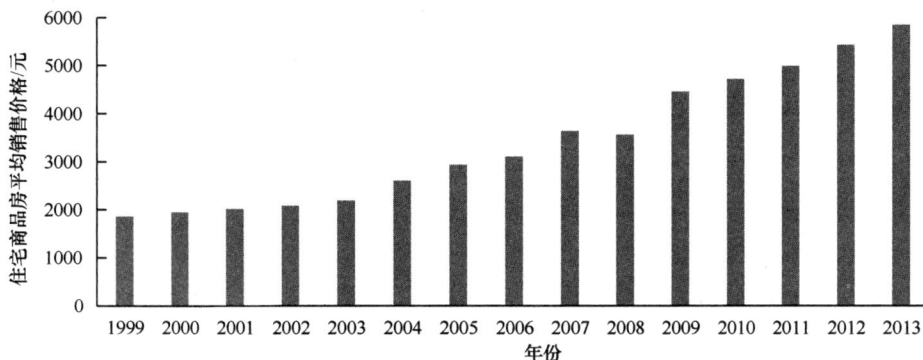

专题图 3-6 我国住宅商品房平均销售价格变化

数据来源：《中国统计年鉴》

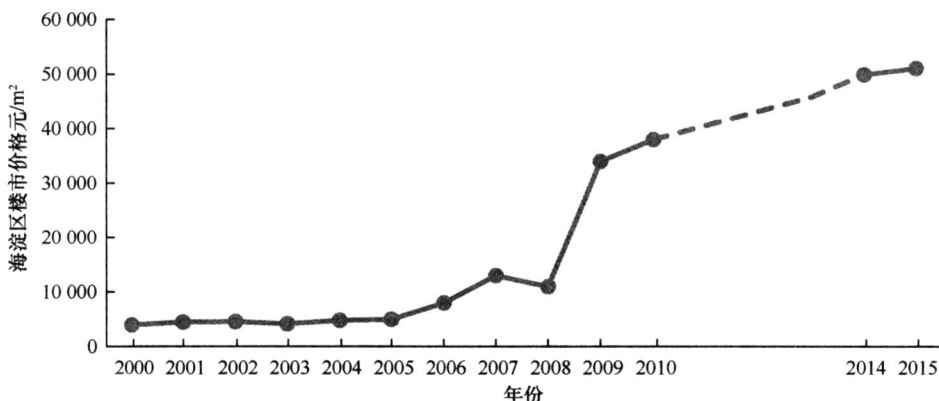

专题图 3-7　北京市海淀区楼市价格变化

数据来源：北京房产均价走势图、2000 年至 2013 年北京房价走势图

　　房屋价格飙升使得购买房屋成为重要的投资渠道，而对住房的盲目投资直接导致大量房屋闲置：西南财经大学中国家庭金融调查与研究中心调研显示，2013 年，我国城镇住宅市场的整体空置率达到 22.4%，城镇空置房为 4898 万套；中央电视台财经频道调查报道，北京、天津等地的一些热点楼盘的空置率达 40%；北京市公安局人口管理总队发布数据显示，北京空置房比例高达 28.9%；郑州大学生组队调查表明，郑州郑东新区商住房空置率高达 55.17%；凤凰网报道，武汉保障房项目空置现象十分严重，其中洪山区有些项目空置率高达 70%；另据《中国经营报》报道，我国常州、鹤壁、十堰等地由于城市规划与实际发展情况的不平衡导致大量房屋空置难以消化，成为"鬼城"。办公与商业建筑业同样存在超规模建设的问题：部分企业超面积建设办公用房，其实质就是希望借房屋保值升值；部分城市兴建大量"广场""中心"等大规模商业综合体，尽管这些综合体单纯依靠运营难以收益。更进一步地，由于房屋升值即可获利，有一些开发商惜售房屋，对建设用地搁置不建，寄希望于土地与房屋的涨价来获取收益。所有这些都造成了大量建筑与土地的闲置，产生了极大的资源浪费。

　　由于投资房产成为收益最大的投资渠道（据统计，2008~2013 年住房投资平均收益率约为 15%，而股市投资约为 7%，国债投资收益率约为 5%），大量原本应该进入创新企业和中小企业的社会资金流入房地产业，导致中小企业与创新产业融资困难，严重阻碍了实体产业与新兴产业的发展。另外，尽管近 15 年来居民收入持续增长，但所增长的收入几乎全部被用来凑首付、还房贷，导致除房屋之外的支出并没有出现实质的增长，即除房屋之外的内需增长乏力，从而严重影响了教育、文化和其他服务产业的发展。据《2015 中国居民金融能力报告》调查数据显示：中国城镇居民家庭房产拥有率达到 83.43%，拥有两套以上房产的家庭占 40.07%；其中有 52.07%的家庭，房产价值占家庭总资产一半以上，16.19%的家庭这一比例占八成以上；31.99%的中国家庭把房产作为一种投资手段。与大多数发达国家相比，中国居民在房屋上的投资都明显偏高，房产作为投资手段的比例偏高。而房屋是自然资源、社会资源消耗最高的商品，任何超过基本使用需求的投资都会形成巨大的浪费，还会扰乱金融市场。20 世纪 90 年代初日本出现金融危机，2008 年在美国暴发并影响整个西方世界金融危机，都是以投资性住房的失控作为导火索。我国 20 世纪 90 年代起的住房改革推动了房地产发展，切实改善了人民的居住条件，并推动了经济发展。但是当住房需求已基本满足，房地产业转而以满足投资需要为主要目的后，问题的性质就完全变了，因此必须尽早尽快改变相应的政策机制以实现有效调控。

二、我国未来建筑规模讨论

我国下一阶段致力于建设现代化强国，实现中国梦。要达到这一目标，我国需要通过创新能力的提升以提高国力，通过高质量消费产品的生产与消费以提高人民生活水平，通过高水平教育、文化和医疗以提高中华民族素质。而当满足基本需求后，更多的房屋并不能提高国力、生活水平、民族素质，只是增加资源消耗与环境影响。因此，需要对我国未来合理的建筑面积进行研究，以此对我国未来城镇建设提供依据。

(一)我国建筑面积总量讨论

1. 住宅建筑面积

2013 年，我国城镇人均住宅面积为 $27.9m^2$，农村人均住宅面积为 $38.1m^2$，已超过韩国人均住宅面积，低于英国、法国等欧洲发达国家和日本的平均水平，如专题图 3-8 所示。

从人均面积来看，我国目前城镇居住建筑总量已经能够满足居民的基本居住需求。目前存在的一些缺房无房户并不是因为社会上无房，而是因为房价太高无法承受。在这种情况下，不论再修建多少栋住房，若不抑制房价，依然无法解决这一群体的住房问题。

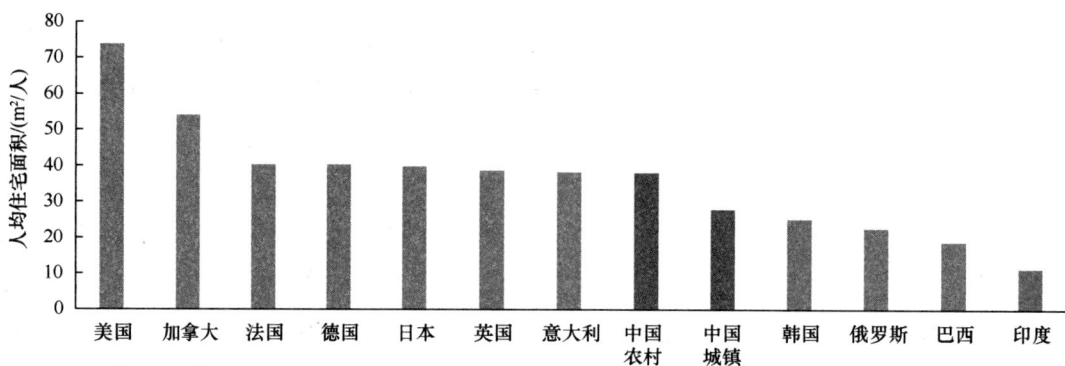

专题图 3-8　世界主要国家人均居住建筑面积
数据来源：国际能源署数据库，清华大学建筑节能研究中心

考虑我国城镇化率持续增长，每年约有 2000 万农民进城，则每年需要增加的住房面积也只不过为 6 亿 m² 左右，远低于目前每年的新开工面积。

从总体规划来说，考虑我国人口密度较大，城镇居住面积不宜超过欧洲地区(英国、法国、德国、意大利)与日本水平，即人均住宅面积 40m²，则未来城镇人口达到 10 亿人时，城镇居住建筑总量不宜超过 400 亿 m²。

2. 公共和商业建筑面积

2013 年，我国人均公共与商业建筑面积约为 7m²，低于发达国家水平，如专题图 3-9 所示。

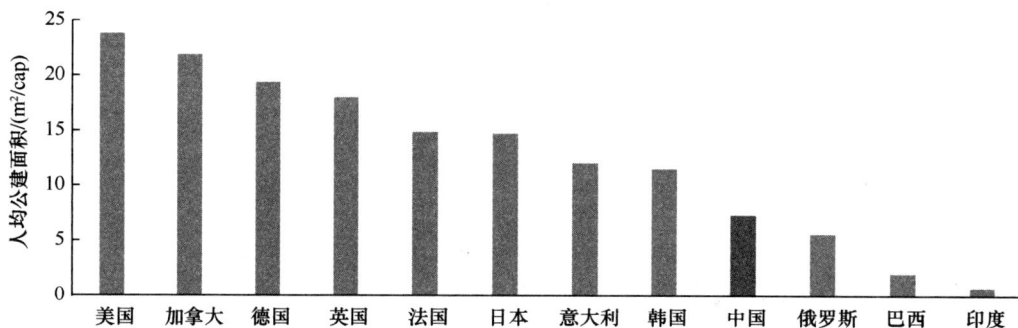

专题图 3-9　世界主要国家人均公共和商业建筑面积
数据来源：国际能源署数据库，清华大学建筑节能研究中心

目前，我国许多城市许多地区的综合商厦、办公等已经满足基本需求，甚至已经出现盲目扩建的情况，需要引起重视；但同时我国的文化、医疗、教育和社区服务建筑还有待增加。例如，专题图 3-10 所示为我国与相近医疗体制国家平均每千人

床位数的比较。从图中可以看出，与发达国家相比，我国医疗硬件设施还有待加强。所以根据具体情况，适当发展医疗、教育、文体及社区活动设施，以切实改善居民生活水平，促进服务业的发展。反之，办公建筑、综合商厦、巨大的交通枢纽设施等的建设则需要严格控制。

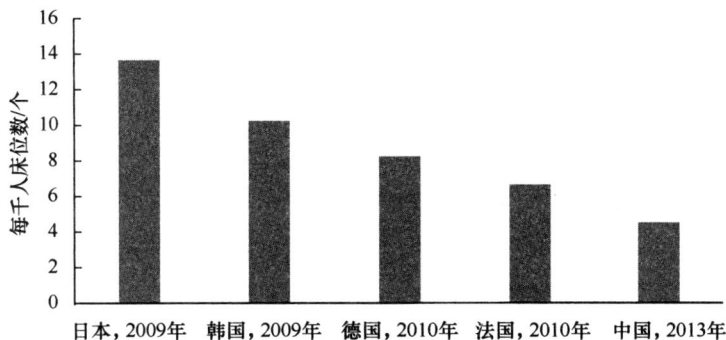

专题图 3-10　各国平均每千人床位数对比

数据来源：世界银行发展指数数据库

考虑我国实际情况与发达国家水平，我国未来公共与商业建筑的人均面积宜在 $10\sim15m^2$，建筑面积总量宜控制在 180 亿 m^2 左右。

(二)我国现代化建设中对建筑面积的要求

目前，大量的房屋建设与车辆制造产生了较多的 GDP，成为我国现阶段的重要经济增长点，但房屋、车辆都是对资源环境影响较大的消费品，若以这样的"大房大车"模式持续发展，中国将以几倍于全球人均资源的代价来支撑自身发展

我国未来发展应符合生态文明建设的相关要求，在城镇化建设及消费领域全面贯彻生态文明的理念。坚持"生态文明"，即是在有限的资源环境容量下，与资源环境协调发展，并取得尽可能多的收益。基于这一理念，我国未来的发展模式应当为：发展理念由量长转为质增，主要工作由基础设施的大量建设转为生态环境的治理营造，经济增长点由投资制造业转为教育、医疗等第三产业。我们需要遏制"大房大车"模式下的"土豪文化"，实现"精品"生活，注重文化建设和人的素质建设。这样的发展理念迫使我们重新审视当前的建筑规模问题，找到适宜于我国的建筑规模范围，并采取相应措施。由前文分析可得，目前在欧洲与亚洲大部分实现现代化的国家中，人均住宅建筑规模都在 $40m^2$ 左右，中国的未来建筑规模也不宜超过这一水平，甚至更低。

目前，美国人均资源消耗是全球人均资源消耗的 5～7 倍，OECD 国家平均人均资源消耗也在全球人均资源消耗的 3 倍以上。而我国人口占世界 1/6，只能在世界人均资源消耗水平上实现现代化，实现中国梦。人均房屋拥有量是人均资源消耗量的一种有效度量，应当对其进行合理控制。

从房屋建设本身来说，盲目建造房屋消耗了大量土地资源，建材生产与房屋建造也导致了高能耗和高碳排放，房地产业过热则在一定程度上成为我国的金融"黑洞"，吸干社会财富而没有对社会起到实质的贡献。房屋建成以后，大量空置房屋容易引发各种社会问题，且房屋建筑面积的增加会导致建筑运行能耗的增加，同时，人均规模过大的房屋必然增加交通负担，因此加大了拥堵和交通能耗。

三、我国建筑规模控制路径建议

综上所述，我国建筑规模控制势在必行。

（一）建筑面积应进行"总量控制"

基于我国建筑规模控制的紧迫性，建议对我国的房屋规模进行总量控制。根据清华大学建筑节能研究中心初步测算，建议未来人口达到 15 亿人时，全国建筑总量不宜大于 780 亿 m^2，其中城镇居住建筑 400 亿 m^2，商业及公建 180 亿 m^2，农村居住建筑 200 亿 m^2。

要实现这一目标，需要从现在开始减少建设规模，实现建筑行业的软着陆。具体来说为：城镇建筑竣工量应从目前 20 亿～30 亿 m^2/a 逐步降低到 10 亿～15 亿 m^2/a；等建筑规模达到 750 亿 m^2 总量后，每年拆除或翻修 10 亿～15 亿 m^2，新建 10 亿～15 亿 m^2，达到建筑面积的基本平衡，如专题图 3-11 所示；与之对应的，是钢铁等建材企业和建造业逐步把重点转向"一带一路"建设，并调整产业结构，使建造业逐步转向建筑维护和既有建筑改造。

（二）不再将房地产业作为我国经济发展的重要支撑

如前文所述，目前房屋建设持续火热，主要原因包括：维持 GDP 增长率、提供地方政府土地财政、维持钢铁业、建材业持续发展及房地产开发商的推动。以上原因均与我国下一阶段的发展理念相悖。持续依靠房屋建设来拉动经济是不可持续的，即使在一定程度上维持了增长率或产量，所得到的也只能是虚假、暂时的表面缓解，

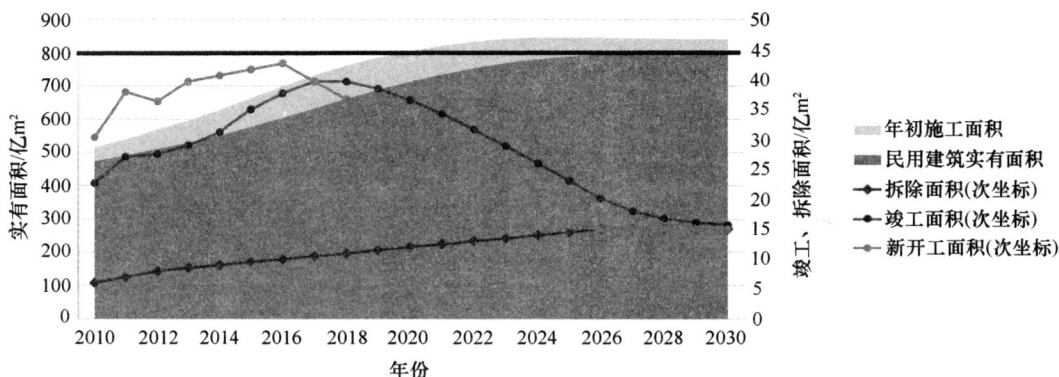

专题图 3-11 建筑规模控制情景估算（800 亿 m² 情景）

数据来源：清华大学建筑节能研究中心

并且其中的问题积攒越久，矛盾越深，问题越大。若持续地大力扶植房地产业，靠房地产拉动内需和 GDP，对我国经济来说如同"饮鸩止渴"，故应引起足够重视，并采取有效措施予以遏制。

（三）尽快实施物业税，靠市场抑制房屋总量

为解决居民住房分配不均的问题，遏制由投机性住房投资造成的市场需求增长的假象，应尽快开始征收房产税。这样，一方面可以使政府从依赖土地财政中摆脱出来，依靠房产税收加强社区建设，提高公共设施服务水平；另一方面可以遏制房价，间接提高居民消费能力，促进服务业、娱乐业等第三产业发展，实现产业结构的逐步调整。

建议尽快对城镇的所有房屋征收物业税，所征税收可为住房持有者房屋价值的 0.5%～1%，这一比例可根据不同地区的经济与社会发展水平进行调整。征收得到的物业税，部分可依据地区人数或文化、教育、医疗及其他社会公益事业实际人员数量返还给居民；部分可成为基层各级政府的财政收入；部分可进入中央财政，但需要中央政府向各级政府支付建筑物业税。其中，物业税进入地方政府可以使其从"土地财政"转向"房屋物业财政"，同时使政策不再向大力发展建筑业倾斜，以遏制投机性住房投资。此外，社区环境的改善可提高房价，可进一步提高基层政府的财政收入。

通过实现物业税制度，可以从以下方面有助于房屋总量控制。

1）通过税收有效打击囤积房屋者，从而抑制房价上涨。

2）抑制房地产开发商开工量，使市场对房屋的需求量稳定在真实需求。

3) 使全社会珍惜房屋空间，降低对房屋面积的盲目追求，减少浪费。

4) 通过返还物业税使得真正的低收入无房者得到适度补贴，有利于住房条件的改善，缓解贫富差距。

5) 迫使各级政府从"贩卖土地"转向"经营社区"，通过社区治理得到稳定的财政收入，并激励其改善社区环境与城市环境，从房屋升值中得到效益。

6) 各级政府办公用房可通过财政手段得到更严格的调控。

综合考虑物业税的可实施性与操作成本，其收益远大于付出，可以作为下一阶段我国建筑规模控制的重要手段。

主要参考文献

北京房产均价走势图. http://bj.fangjia.com/zoushi/ [2016-11-15]

北京师范大学, 西南财经大学, 国家统计局中国经济景气监测中心, 等. 2011. 2011 中国绿色发展指数年度报告. 北京: 北京师范大学出版社

陈利群, 王亮. 2012. 北方典型缺水大城市供水系统演变研究. 给水排水, 38(12): 119-124

陈默. 2005. 德国环境统计概述及启示. 中国环保产业, (8): 44-46

邓昭华. 2007. 英国: 2007 可持续发展指标. 国际城市规划网

国家发展改革委. 2014. 中国资源综合利用年度报告. 资源环境, (10): 49-56

国家环境保护部. 2008. 关于印发"十一五"国家环境保护模范城市考核指标及其实施细则(修订)的通知[环办〔2008〕71 号]

国家统计局. 2012a. 中国建筑业统计年鉴 2012. 北京: 中国统计出版社

国家统计局. 2012b. 中国统计年鉴 2012. 北京: 中国统计出版社

国家统计局. 2013. 中国统计年鉴 2013. 北京: 中国统计出版社

何小赛. 2013. 中国城镇住宅生命周期环境影响及城市区划研究, 清华大学.

黄嘉文. 2012. 《教育程度、收入水平与中国城市居民幸福感——基于 CGSS2005 的数据分析》, 中国城市化进程的社会心理研究论坛, 中国城市化进程的社会心理研究: 57-81

黄肇义, 杨东援. 2001. 国内外生态城市理论研究综述. 城市规划, 25(1): 59-66

科学技术部. 2002. 可持续发展科技纲要(2001～2010 年). 中国科技成果, (17): 4-10

李浩. 2013. 城镇化率首次超过 50%的国际现象观察——兼论中国城镇化发展现状及思考. 城市规划学刊, 1: 43-50

李利锋, 郑度. 2002. 区域可持续发展评价: 进展与展望. 地理科学进展, 21(3): 237-248

李想, 李秉龙. 2009. 《从人类发展指数与幸福感的比较看社会发展指标的完善》, 《统计与决策》第 13 期: 28-30

栗德祥, 邹涛. 2008. 生态城市的分类与经验推广问题. 2008 城市发展与规划国际论坛论文集: 109-112

刘军强, 熊谋林, 苏阳. 2012. 《经济增长时期的国民幸福感——基于 CGSS 数据的追踪研究》, 《中国社会科学》12: 82-102

刘燕, 彭琛, 燕达. 2011. 铁路客站室内环境现状及节能设计调研. 暖通空调, 41(7): 51-57

罗楚亮. 2006. 《城乡分割、就业状况与主观幸福感差异》, 《经济学(季刊)》5(3): 817-840

彭琛. 2014. 基于总量控制的中国建筑节能路径研究. 北京: 清华大学博士学位论文

彭惜君. 2004. 联合国可持续发展指标体系的发展. 四川省情, (12): 32-33

清华大学建筑节能研究中心. 2014—2016. 中国建筑节能年度发展研究报告 2014—2016. 北京: 中国建筑工业出版社

任世平. 2008. 2008 年欧盟发布十个方面最新环境指数. 全球科技经济瞭望, 23(12): 40-43

世界银行数据库. 2012. http://data.worldbank.org/ [2016-11-15]

孙江宁. 2012. 崇明岛生态指标体系分析及趋势预测研究. 上海: 同济大学硕士学位论文

吴志强, 干靓, 胥星静, 等. 2015. 城镇化与生态文明——压力, 挑战与应对. 中国工程科学, 8: 81-89

吴志强, 吕荟, 胥星静. 2013. 崇明智慧生态岛规划与建构. 上海城市规划, 2: 15-18

吴志强, 宋雯珺. 2008. 欧洲生态城市规划设计的案例研究. 2008 城市发展与规划国际论坛论文集: 113-116

吴志强, 杨秀, 刘伟. 2015. 智力城镇化还是体力城镇化——对中国城镇化的战略思考. 城市规划学刊, 1: 15-23

谢鹏飞, 周兰兰, 刘琰, 等. 2010. 生态城市指标体系构建与生态城市示范评价. 城市发展研究, (7): 12-18

徐娟. 2005. 可持续发展的指标体系评价与创新的可能途径. 昆明: 云南师范大学硕士学位论文

于洋. 2009. 绿色、效率、公平的城市愿景——美国西雅图市可持续发展指标体系研究. 国际城市规划, 24(6): 46-52

张坤民, 温宗国. 2001. 城市生态可持续发展指标的进展. 城市环境与城市生态, (6): 1-4

张志强, 程国栋, 徐中民. 2002. 可持续发展评估指标、方法及应用研究. 冰川冻土, 24(4): 344-360

章澄宇. 2004. 国家级生态示范区考核指标体系初探. 安徽农业, (8): 51-52

中国城市能耗状况与节能政策研究组. 2010. 城市消费领域的用能特征与节能途径. 北京: 中国建筑工业出版社

中国科学院可持续发展战略研究组. 2007. 中国可持续发展战略报告. 北京: 科学出版社

中国科学院深圳先进技术研究院. 2012. 深圳碳排放现状及应对策略研究 http://www-wds.worldbank. org/external/default/WDSContentServer/WDSP/IB/2011/01/17/000333037_20110117012949/Rendered/ PDF/590120WP0P114811REPORT0FINAL1CN1WEB.pdf [2016-11-15]

朱春. 2011. 浅谈超高层建筑用能发展. 绿色建筑, (3): 21-23

Fang H, Gu Q, Xiong W, et al. 2015. Demystifying the Chinese Housing Boom[R]. National Bureau of Economic Research

Great Britain, Department of Energy and Climate Change. 2009. The UK Low Carbon Transition Plan-National Strategy for Climate and Energy. Stationery Office

IEA. 2012. CO_2 emissions from fuel combustion highlights 2011. Paris: IEA

IPCC (the Intergovernmental Panel on Climate Change). 2007. Working Group III Fourth Assessment Report

Loerincik, Y. 2006. Environmental impacts and benefits of information and communication technology infrastructure and services, using process and input-output life cycle assessment (Doctoral dissertation, École Polytechnique Fédérale de Lausanne)

Matthews, H. S., Hendrickson, C. T., & Soh, D. 2001. The net effect: Environmental implications of e-commerce and logistics. In Electronics and the Environment, 2001. Proceedings of the 2001 IEEE International Symposium on (pp. 191-195). IEEE.

Plan Energi, Samsø Energy Academy. 2007. Samsø: A Renewable Energy Island—10 Years of Development and Evaluation

Quan J, Zhang Q, He H, et al. 2011. Analysis of the formation of fog and haze in North China Plain (NCP), Atmos. Chem Phys Discuss, 11: 11911-11937

Toffel, M. W., & Horvath, A. 2004. Environmental implications of wireless technologies: news delivery and business meetings

United Nations, Department of Economic and Social Affairs. 2011. World Population Prospects, the 2010 Revision. http://www.un.org/en/development/desa/publications/world-population-prospects-the-2010-revision.html [2011-5-5]

Yale Center for Environmental Law and Policy. 2010. 2010 Environmental Performance Index. http://www. ciesin.columbia.edu/repository/epi/data/2010EPI_summary.pdf [2016-12-10]